MW00574261

MÁS ALLÁ DEL
BIOCENTRISMO

Título original: BEYOND BIOCENTRISM. Rethinking Time, Space, Consciousness,
        and the Illusion of Death
Traducido del inglés por Elsa Gómez Belastegui
Diseño de portada: Editorial Sirio, S.A.
Diseño y maquetación de interior: Toñi F. Castellón

Ilustraciones de las páginas 75, 76, 80, 96, 97, 100, 104, 143-145, 158, 168,
        169 y 227 de Jacqueline Rogers.
Ilustración de la página 203 de Wim R. Euverman.
Imagen de la página 212: planta (John Sims), pulpo (A. Pollock), ratón (George Shuklin),
        gorrión (W. Wright) y renacuajo (rainforest_harley en Flickr).

©   de la edición original
      2016 del doctor Robert Lanza y Bob Berman

©   de la presente edición
      EDITORIAL SIRIO, S.A.
      C/ Rosa de los Vientos, 64
      Pol. Ind. El Viso
      29006-Málaga
      España

www.editorialsirio.com
sirio@editorialsirio.com

I.S.B.N.: 978-84-17030-83-4
Depósito Legal: MA-725-2018

Impreso en Imagraf Impresores, S. A.
c/ Nabucco, 14 D - Pol. Alameda
29006 - Málaga

Impreso en España

Puedes seguirnos en Facebook, Twitter, YouTube e Instagram.

Dr. ROBERT LANZA
con Bob Berman

MÁS ALLÁ DEL
BIOCENTRISMO

La necesidad de reconsiderar el tiempo,
el espacio, la conciencia y la ilusión de la muerte

EDITORIAL
SIRIO

ÍNDICE

INTRODUCCIÓN

¿Por qué os empeñáis en que el universo no es una inteligencia
consciente, cuando da a luz inteligencias conscientes?

Cicerón,
(44 a. de C.)

L as cuestiones más serias e inquietantes apenas han cambiado desde los comienzos de la civilización. Hace ocho mil
años, a nuestros antepasados les preocupaba la muerte. Los
habitantes de Babilonia tenían nuestra misma obsesión por el
paso del tiempo. Los pensadores de todas las culturas han cavi-
lado sobre la Tierra y los cielos y por lo general han ubicado su
existencia en una matriz espacial. La naturaleza de la vida y de
la conciencia empezó a obsesionarnos en cuanto bajamos de los
árboles y tuvimos un cerebro lo bastante grande como para poder atormentarse.

Tratar de responder a estas cuestiones tan colosales es
desde hace tiempo una prioridad cada vez mayor también
para la ciencia, como no podía ser menos. Nuestro primer libro, *Biocentrismo*,* proponía una forma radicalmente nueva de

---

* Editorial Sirio, 2012.

contemplar el universo y la realidad en sí. Es una perspectiva tan diferente de todas las descripciones a las que estamos acostumbrados que se requiere tiempo y reflexión para comprenderla de verdad. Y sobre eso trata este libro.

Esta nueva forma de pensar empieza por reconocer que el modelo vigente de la realidad se resquebraja por momentos a la luz de los descubrimientos científicos más recientes. La ciencia nos dice con bastante precisión que el 95% del universo está compuesto de materia y energía oscuras, pero a la vez debe confesar que en realidad no sabe qué es la materia oscura, y sabe mucho menos todavía sobre la energía oscura. Los descubrimientos científicos apuntan cada vez más a un universo infinito, pero la ciencia no es capaz de explicar lo que eso significa, y cada día está más clara la inconsistencia de conceptos como el tiempo, el espacio e incluso la causalidad. La ciencia en su totalidad se basa en la información que destila nuestra conciencia, pero a la vez no tiene ni la más remota idea de lo que es la conciencia. Los estudios han mostrado repetidamente que hay una relación entre los estados subatómicos y la observación realizada por un observador consciente, pero la ciencia es incapaz de explicar esa conexión de un modo ni mínimamente satisfactorio. Los biólogos describen el origen de la vida como un suceso que ocurrió por azar en un universo muerto, pero en realidad no saben cómo empezó la vida ni por qué este universo era al parecer tan exquisitamente propicio para que emergiera.

Esta nueva perspectiva del mundo, basada por entero en la ciencia y más respaldada por la evidencia científica que las explicaciones a las que estamos acostumbrados, nos anima a aceptar plenamente las implicaciones de los últimos hallazgos de la ciencia en todos los campos: desde la biología vegetal y la cosmología hasta el entrelazamiento cuántico y la conciencia.

Si escuchamos las revelaciones de la ciencia en estos momentos, resulta aún más obvio que la vida y la conciencia son fundamentales para poder comprender de verdad el universo. Y esta forma nueva de percibir la naturaleza del universo se llama *biocentrismo*.

Si leíste *Biocentrismo*, te damos la bienvenida a esta exploración más profunda y exhaustiva del tema, que incluye capítulos dedicados exclusivamente a cuestiones esenciales como la muerte, así como importantes investigaciones complementarias de temas como la conciencia en el mundo vegetal, cómo adquirimos información y si llegará un día en que las máquinas sean conscientes.

1

LA REALIDAD MÁS BÁSICA

A mí me bastaría con estar seguro de que tú y yo
existimos en este momento.

Gabriel García Márquez,
Cien años de soledad (1967)

A los siete años aproximadamente, la mayoría de los niños empiezan a hacer preguntas incómodas: «¿El universo tiene fin?», «¿Cómo he llegado aquí?». A algunos, tal vez después de ver morir a su hámster, comienza a preocuparles también la muerte.

Unos pocos se aventuran en territorios aún más recónditos. Saben que han venido a un mundo que parece complejo y misterioso, pero todavía son capaces de recuperar ocasionalmente un vestigio de la claridad y la alegría que les pertenecieron durante los primeros años de vida. Sin embargo, al pasar por el colegio y luego por el instituto, y oír curso tras curso la explicación estereotipada del cosmos que les dan sus profesores de ciencias, acaban por ignorar ese vestigio. El marco de la existencia es para entonces o monótonamente académico o pura cuestión de filosofía. Y si de mayores cavilan alguna vez sobre el tema, la

MÁS ALLÁ DEL BIOCENTRISMO

conclusión a la que suelen llegar es que la concepción cosmológica del mundo es cuando menos confusa y nada convincente.

El modelo del universo que se acepta mayoritariamente en cada momento está en función de la parte del mundo y la época histórica en que se planteen los interrogantes. Varios siglos atrás, la Iglesia y las Escrituras facilitaron un marco en el que encuadrar el Gran Acontecimiento. Pero para la década de 1930, las explicaciones bíblicas no estaban ya en auge entre la intelectualidad, y acabó reemplazándolas el modelo del *huevo cósmico*, según el cual todo había empezado por una súbita explosión, similar a lo que originariamente había propuesto Edgar Allan Poe en un ensayo de 1848.

El universo que presentaba dicho modelo era una especie de máquina autónoma, un universo compuesto de materia ignorante e insensible, esto es, átomos de hidrógeno y otros elementos carentes por completo de inteligencia innata. Tampoco estaba gobernado por ninguna otra clase de inteligencia externa, sino que una serie de fuerzas invisibles, como la gravedad y el electromagnetismo, regidas por las azarosas leyes de la casualidad, producían todo lo que hoy observamos: los átomos chocaban unos contra otros, las nubes de hidrógeno se contraían hasta formar estrellas, los trozos de materia sobrantes que orbitaban alrededor de estos soles recién nacidos se enfriaban formando planetas.

Pasaron miles de millones de años sin vida en los que el cosmos permaneció en modo «automático», hasta que de pronto, al menos en uno de esos planetas, y posiblemente en más, la vida comenzó. Cómo ocurrió sigue siendo un misterio para la ciencia, pues por más que combinemos las proteínas, los minerales, el agua y todo lo demás que sabemos que está contenido en un cuerpo animal y lo hagamos girar en una batidora hasta la saciedad, no obtendremos vida de ello.

Y si la vida y su génesis siguen siendo un misterio, la conciencia es un enigma elevado al cuadrado. Porque una cosa es crecer y reproducirse y lo que quiera que consideremos que es característico de la vida, y otra cosa, la *percepción consciente,* que es una cualidad muy distinta. No son lo mismo. Los hongos y el VIH están vivos, pero *¿perciben?* ¿Experimentan todas las criaturas algo semejante al éxtasis que nosotros sentimos al contemplar las intensas tonalidades violetas del cielo crepuscular?

Es más que una cuestión académica. Durante casi un siglo entero, los físicos han comprobado que la conciencia del observador influye en los resultados de los experimentos. Sin embargo, la ciencia ha hecho poco más que encogerse de hombros y quitar importancia al hecho, por enigmático y desconcertante.

En lo que se refiere a cómo pudo surgir la conciencia en un primer momento, nadie se atreve siquiera a aventurar una respuesta. Es inconcebible cómo unas masas de carbono, unas gotas de agua o unos átomos de hidrógeno insensible pudieron unirse y adquirir el sentido del olfato. La cuestión es aparentemente tan pasmosa que ni se plantea; basta con sacar el tema de cuál pudo ser el origen de la percepción para que a uno lo tachen de chiflado. A pesar de que el antiguo editor de la *Enciclopedia británica,* Paul Hoffman, reconociese que era «el mayor misterio por resolver en todo el campo de la ciencia», generalmente suena demasiado extraño e insondable como para discutirse en círculos serios. No obstante, más adelante volveremos de lleno al tema de la conciencia. Por ahora, basta con saber que su génesis está envuelta en un misterio tan absoluto como el posible origen de los desechos que llenan los vertederos contiguos a la autopista de peaje de Nueva Jersey.

Así pues, el modelo estándar del universo consiste en una interesante mezcla de lo vivo y lo no vivo. Ambos forman parte ineludible de un universo que, según explica la cosmología, explosionó de la nada hace 13.800 millones de años, y a partir de ahí el «tinglado» va haciéndose cada vez mayor.

Este es el relato que se nos cuenta. Todos lo hemos oído. Se les recita a los alumnos de todo el mundo. Y aun así, todos nos damos cuenta de lo vacua y poco convincente que es esta narración.

Lo mismo que aquello de que Jonás viviera felizmente dentro de una ballena sin sufrir la menor incomodidad, resulta un poco inverosímil que el universo surgiera espontáneamente de la nada. Y no solo porque en la vida cotidiana jamás veamos que un gatito o una hamaca de jardín se materialicen por arte de magia. Hay una razón más esencial, y es que aun en el caso de que la narración fuera verdad, eso de la «materialización mágica» en realidad no es una explicación.

Así que recapitulemos y seamos totalmente sinceros sobre lo que sabemos y lo que no. Podemos empezar por remitirnos a verdades que nadie puede rebatir, como hizo René Descartes cuando dijo: «Pienso, luego existo». La realidad absoluta más fundamental no es que los seres humanos descendiéramos del plancton en un mundo nacido cerca de una estrella de tercera generación hace 4.650 millones de años. Aunque eso es algo que en el mundo moderno posiblemente a muchos les parezca cierto, hay un punto de partida aún más incuestionable, y es que *descubrimos que somos seres conscientes que existen en una matriz a la que llamamos universo.*

Y le buscamos un sentido, o un contexto más vasto, a esa existencia. Si los modelos teológicos nos resultan inadecuados, apelamos a la ciencia, cuyos investigadores aseguran que, como decíamos, el universo surgió de la nada por efecto de un proceso desconocido. A continuación «explican» que en un determinado momento surgió la vida, igual de inexplicablemente, y que esa vida manifiesta una conciencia individual que es en sí un enigma.

Esta es la explicación científica de lo que sucede en este planeta.

No es de extrañar que en muchos círculos semejante aclaración se considere dudosamente superior a la anticuada de que «fue obra de Dios».

La culpa no es de la ciencia. Con los telescopios de que disponemos, no alcanzamos a contemplar ni siquiera una billonésima parte del 1% del cosmos, e incluso ese cosmos constituiría solo una pequeña fracción del cosmos real, puesto que la mayor parte de todo está compuesta por entidades desconocidas. El tamaño de la muestra es por tanto minúsculo. Y por si esto fuera poco, cada vez hay más indicios de que el universo podría ser espacialmente infinito (seguiremos hablando de esto en el capítulo dieciocho). Esto significaría que es asimismo infinito su contenido, y en ese caso todo lo que hay a la vista es en realidad el *0% del universo entero*, dado que una fracción del infinito es nada. Lo que intentamos decir es que, para ser sinceros, los datos de que disponemos hasta el momento son demasiado insignificantes para poder hacer ninguna generalización. El tamaño de la muestra es sencillamente demasiado pequeño como para ser fiable.

Por desgracia, es un hecho que rara vez se reconoce, por no decir nunca, especialmente en los programas de ciencia que vemos en televisión. Admitir que carecemos de información no daría demasiado de sí; difícilmente despertaría el interés de ningún patrocinador comercial.

La verdad, no obstante, es que descubrimos hace poco que el universo está compuesto en su mayor parte de materia oscura, que desconocemos lo que es. Luego descubrimos que, de hecho, es principalmente energía oscura, pero no sabemos lo que es *eso* tampoco. Se postuló la existencia de la energía oscura al descubrirse en 1998 que la expansión del universo, que siempre se había creído que estaba ralentizándose, en realidad misteriosamente se estaba acelerando. Parece ser que la energía oscura es algún tipo de fuerza antigravitatoria que hará que el universo se acabe descomponiendo.

Tampoco tenemos ni idea de cómo empezó la vida, una vida que es capaz de autorreplicarse. Es más, nos encontramos en un universo exquisitamente acondicionado para la vida, pero no tenemos ni idea de por qué (a no ser especulando sobre una infinidad de universos en la que nosotros somos los únicos afortunados).

Dada la gran ausencia de datos fidedignos, los cosmólogos intentan compensarla ajustándose a diversos *modelos*, es decir, haciendo conjeturas sobre las posibles condiciones iniciales y los sucesos intermedios. Y esto no sería completamente un problema si no tomáramos tan en serio a los cosmólogos, esto es, si ellos se dieran cuenta de que se trata puramente de modelos *tentativos*.

A comienzos del siglo XXI, esos modelos incluyen nociones muy atractivas para ofrecer una imagen del cosmos, aunque no haya evidencia alguna que las respalde. En el lenguaje científico, hay conceptos como el de las membranas cósmicas o la teoría de cuerdas que son *inverificables*, es decir, no se pueden ni demostrar ni rebatir, y es casi seguro que en el curso de nuestra vida quedarán atrás o se modificarán extensamente y se sustituirán por otros modelos que con el tiempo se desecharán también, como se sustituyó el modelo de «expansión ralentizada del universo» de 1997 por el de «expansión acelerada» de 1998.

Por lo tanto, para ser veraces sobre ese modelo, tendríamos que confesar que *la ciencia no puede responder en la actualidad a las preguntas más sencillas sobre la existencia.*

Es cierto, los cosmólogos hablan de que «el fondo cósmico de microondas tiene una temperatura de 2,73 grados Kelvin» y de los «13.800 millones de años trascurridos desde el *Big Bang*», y estas cifras de apariencia tan precisa, con sus decimales incluidos, crean una ilusión de verosimilitud, de credibilidad. A continuación se repiten incansablemente los detalles del modelo en cuestión, y esa repetición en sí le confiere un aura sustantiva. Pero esto no significa que el modelo sea de hecho una verdad demostrable.

Por suerte, el panorama tan poco prometedor que acabamos de presentar sobre el estado actual de la ciencia no es el punto final. En realidad es solo el principio. Porque existe un modelo alternativo para explicar QUÉ ES TODO ESTO.

Es necesario proponer una alternativa porque, en su intento por explicar el cosmos, la cosmología moderna incurre constantemente en un curioso descuido: mantener al observador vivo escrupulosamente distanciado del resto del universo. Nos pide que aceptemos una dicotomía, una división: en este rincón estamos nosotros, los seres vivos, los que lo percibimos todo, y en el otro rincón merodea el universo entero, insensible e ignorante, chocando contra sí mismo por efecto de procesos aleatorios.

Pero ¿y si estuviéramos conectados? ¿Y si este modelo de un universo insensible pudiera de repente cobrar sentido al unirlo todo? ¿Y si en realidad el universo —la naturaleza— y quien lo percibe no son entidades aisladas? ¿Y si resulta que uno más uno... ¡es igual a uno!? ¿Y si, en definitiva, todo el pasado siglo de descubrimientos científicos apunta imperiosamente en esta dirección..., y solo debemos tener la mente lo bastante abierta como para ver qué intenta decirnos?

Lo cierto es que no dejan de llegar pistas. En febrero del 2015, el *New York Times* publicó el artículo «Extrañeza cuántica:

nuevos experimentos confirman que la naturaleza no está ni aquí ni ahí». Sin embargo, lo más probable es que ni el autor, manifiestamente perplejo, ni posiblemente muchos de los lectores esbozaran una sonrisa y pensaran: «¡Claro! Eso es porque la naturaleza, como no podía ser menos, está a la vez aquí y ahí». Cuando se intenta localizarla o en un lugar o en el otro, se acaba con paradojas y todo es ilógico.

La teoría cuántica descubrió que había una conexión entre la conciencia y las partículas de la naturaleza hace ya casi un siglo. Pero lo hemos ignorado, o hemos elucubrado explicaciones mareantes que proponen un número infinito de realidades alternativas.

Descubrir qué es lo real es una aventura apasionante. Significa recorrer los laberínticos corredores de los conceptos más fascinantes propuestos por la ciencia del siglo XXI y examinar sin prejuicios los ya existentes. Explorar complejidades como el tiempo y el espacio y cómo funciona el cerebro garantizaría de por sí una excursión llena de emociones, incluso aunque no tuviéramos otro objetivo que disfrutar de un agradable paseo de domingo. Pero, como veremos, tanto el viaje hacia una imagen más clara del cosmos como el propio destino final son más que reveladores. Son divertidos.

2

LOS SIETE PROBLEMAS DEL MILENIO

*Ese día que tanto temes por ser el último
es en realidad la aurora del día eterno.*

Lucio Anneo Séneca,
De brevitate vitae [De la brevedad de la vida] (49 d. de C.)

Para indagar en los fundamentos de quiénes somos y qué es el universo, solemos apelar a la ciencia, aunque siga habiendo quienes se atienen a las explicaciones religiosas. Pero aquellos que ni en un sitio ni en el otro encontréis un camino que os conduzca al destino deseado podéis considerar un modelo de la realidad muy distinto. Este nuevo paradigma, lejos de apartarse de la ciencia, utiliza los descubrimientos publicados desde 1997 y reexamina otros que se realizaron incluso en fechas anteriores.

Sin embargo, antes de lanzarnos a esta nueva aventura, conviene que hagamos un repaso de las conclusiones a que han llegado los grandes pensadores de todas las épocas. No queremos reinventar la rueda, si ya existe.

Para ello, debemos abandonar cualquier prejuicio de carácter etnocéntrico o modernista. Es decir, a menudo, tras cierta reflexión, damos por sentado que la cultura occidental, y los que vivimos en estos tiempos, tenemos una comprensión superior de las cuestiones fundamentales de la vida a la que tuvieron otras civilizaciones y aquellos que nos precedieron. Nos basamos para ello en lo avanzado de nuestra tecnología. Aquellos infelices de hace un siglo no tenían agua corriente en las casas, ni mosquiteras en las ventanas, ni aire acondicionado... ¿Y cómo puede sobrevenirle un momento de portentosa lucidez a nadie que se pase las noches sudando en una cama pegajosa y agobiado por el zumbido de los mosquitos? ¿Cabe alguna posibilidad de que se le ocurriera una idea genial a alguien que vaciaba el orinal por la ventana cada mañana?

Si es esto lo que pensamos, quizá a los estudiantes de antropología les sorprenda saber que una infinidad de conocimientos relacionados con la vida humana que eran comunes entre las clases instruidas de los siglos XVIII y XIX se reciben hoy en día con mirada de asombro absoluto. Luego no es verdad que los adolescentes del siglo XXI tengan más conocimientos que sus iguales del siglo XIX; tienen simplemente conocimientos *distintos*.

En 1830, cualquier chaval de campo sabía con precisión cuánto variaban cada semana el punto por el que salía el sol y el punto por el que se ponía, era capaz de identificar el canto de las aves y conocía con detalle los hábitos de la fauna local. Por el contrario, muy pocos de nuestros amigos o de los miembros de nuestra familia se dan cuenta siquiera de que el sol se desplaza *hacia la derecha* cada día al cruzar el cielo. Confesar semejante ignorancia de un hecho tan básico y evidente habría provocado miradas de incredulidad en el siglo XIX.

Sin duda, hay áreas de conocimiento que han escapado a la comprensión de todos los seres humanos, presentes y pasados. Por ejemplo, hemos demostrado ser crónicamente incapaces de prever el futuro —incluso de anticipar las condiciones que reinarán a solo unas décadas vista—. Ningún genio de la Grecia clásica, ningún escritor insigne de la literatura global ni ningún pasaje de ningún texto religioso insinuaron jamás que pudieran existir diminutas criaturas —*gérmenes*— imposibles de percibir con el ojo humano, mucho menos que dichos gérmenes fueran los causantes de la mayoría de las enfermedades que nos afectan. Antes de 1781, nadie sospechaba que pudieran existir otros planetas además de las cinco resplandecientes luminarias que ya conocía el hombre de Neandertal. Hasta hace solo unos siglos, nadie había sugerido que la sangre circulara por el cuerpo, o que el aire que inspiramos fuera una mezcla de gases y no una única sustancia. De ahí que todas esas paparruchas religiosas o Nueva Era que alaban la supuesta exactitud de las «profecías» de la Antigüedad hayan tenido hasta el momento una trayectoria más que triste.

Lamentablemente, no lo hemos hecho mejor en épocas modernas. Los futuristas que colaboraron en la preparación de la Feria Mundial de Nueva York de 1964 representaron unas casas del año 2000 dotadas de coches voladores y robots personales. Entre las creaciones más populares de la literatura y el cine, el clásico *2001: una odisea en el espacio* (de 1968) mostraba las colonias lunares del año 2000, y un viaje a Júpiter en una nave con tripulación humana solo unos años después. En la película de culto *Blade Runner*, el Los Ángeles del 2019 era una ciudad en la que llovía sin cesar debido a un cambio climático, que había convertido California en un lugar empapado a perpetuidad; una ciudad que estaba además atestada de edificios altísimos y coches de policía voladores. Es curioso que ningún futurista de la época *hippie* previera los omnipresentes teléfonos móviles de hoy en día, los *piercings* o la modernización ultrarrápida de China.

En resumidas cuentas, parece ser que el grado de perspicacia no es mayor hoy que en siglos anteriores —tampoco menor—, y en lo que se refiere a cavilar sobre el lugar que ocupamos en el universo, nuestros antepasados estuvieron, como poco, igual de obsesionados que nosotros. Por tanto, dado que la gran mayoría de los seres humanos que han vivido desde el principio de los tiempos *no* están vivos en la actualidad, sería una imprudencia ignorar sus descubrimientos y conclusiones.

En lugar de presuponer que nuestros ancestros estaban demasiado atrasados como para tener ideas trascendentales, o de lanzarnos en la dirección opuesta e idolatrar a las civilizaciones pasadas otorgándoles una supuesta capacidad sobrenatural para vivir en sintonía con la naturaleza, vamos a atenernos a los hechos de los que tenemos constancia escrita.

No es necesario sintetizar las creencias fundamentales de cada civilización que haya existido. No cabe duda de que en el hemisferio occidental, si hemos de iniciar el cómputo hace siete mil años, incluso antes de la invención de la rueda, la perspectiva general del mundo estaba constantemente dominada por una obsesión con la vida de ultratumba, una obsesión fundamentada en el tiempo. Y esto a su vez hizo que el eje en torno al cual giraba la vida fuera satisfacer y aplacar a los dioses: en Egipto, por ejemplo, al dios del sol, Ra, al dios creador Amón y a la diosa madre Isis.

En esta civilización, los escritos más antiguos no revelan ni el menor interés por resolver los misterios de la naturaleza mediante la observación o la lógica. Reinaban, por el contrario, la magia y la superstición. Se encontró un jeroglífico primitivo, que databa de hace cuarenta y siete siglos, inscrito en las paredes subterráneas de la solitaria pirámide del faraón Unis, en el complejo de Saqqara. La visita había estado protegida de los terroristas por un destacamento de tropas armadas hasta los dientes..., y todo para observar unos glifos que no eran precisamente expresión de arcana sabiduría.

Eran conjuros mágicos junto a los que aparecía representada una «serpiente madre».

Dada la realidad del siglo XXVII a. de C. , está claro que la literatura no podía sino mejorar. Pero tendrían que transcurrir mil años antes de que los encantamientos, los registros de existencias de cereal y los interminables relatos sobre los tejemanejes cotidianos de la familia del faraón dieran paso a un genuino espíritu inquisitivo. El texto religioso más antiguo, el *Rig Veda* sánscrito, que data de alrededor del año 1700 a. de C., alababa el «relumbrante poder del dios Sol» y decía, en estilo poético: «Noche y Aurora, ni chocan entre sí ni se detienen». Traducción: ¡qué cosas pasan!

Para cuando se escribieron los libros del Antiguo Testamento un milenio después, se había establecido como eje de la vida una Tierra estacionaria gobernada por un único Dios fácilmente irritable. Los rabinos de la época no mostraban ni la menor inclinación a cuestionar esta idea prevalente del mundo. Llenaron debidamente las páginas del Génesis y el Deuteronomio con palabras basadas en el paradigma reinante, de una Tierra plana e inmóvil, y trazaron una estricta línea divisoria entre el plano inferior, en el que vivíamos los mortales, y el plano superior de los cielos. Elucidar cómo operaba la naturaleza no era la prioridad de nadie. En definitiva, parece ser que lo que hoy en día despierta nuestra curiosidad —la naturaleza de la vida, del tiempo y de la conciencia, y cómo funciona el cerebro— les era totalmente ajeno a las civilizaciones más antiguas. Las prioridades eran, por este orden, la supervivencia diaria y respetar y obedecer las Escrituras para evitar el castigo divino, mientras que debatir cuestiones como si el espacio es real nunca formó parte de ninguna tertulia de sobremesa.

En aquellos tiempos, la principal forma de iluminación en la vida cotidiana eran el Sol y la Luna, y para asegurarse de que todo el mundo les prestaba atención, aquellas luces se alternaban continuamente; repetían su espectáculo circense todos los días. Los escribas, pese a no sentir la menor inclinación a explicar el mundo que los rodeaba, no podían ignorar la luz, tan esencial para todos los aspectos de la vida, de modo que resaltaron el hecho en las primeras líneas del Génesis. De las primeras cien palabras de la Biblia, al menos ocho son u *oscuridad* o *luz*. (Es posible que supieran algo, que la luz fuera la puerta a un saber profundo. Porque, como veremos en nuestra exploración, la luz, o al menos la energía, es de hecho una de las protagonistas en el rompecabezas de la realidad).

En aquella época, nadie tenía la posibilidad de comprender la verdadera estructura del cosmos, de concebirlo como nosotros o de plantearse que todo podría estar conectado. No disponían de suficiente información, y por aquel entonces, lo mismo que ahora, nadie quería perder el tiempo con asuntos que no llevaban a ninguna parte.

Pero las repeticiones eran otra historia. Despertaban su interés. El cerebro tiene una capacidad innata para advertir cualquier patrón y asociarlo luego con otros. Si seis noches seguidas el teléfono suena justo en el momento en que estamos a punto de sentarnos a cenar, no nos va a pasar inadvertido.

Y el patrón más prominente tenía que ver con aquella cegadora bola de fuego, que cruzaba cada día el cielo de izquierda a derecha, elevándose fielmente siempre por el este. Su cualidad enigmática convertía obviamente al Sol en alguna clase de dios, y sondear sus secretos debía de parecer una misión imposible.

En cambio, «indagar en lo misterioso» sería una prioridad en las soleadas islas de Grecia unos seis siglos antes del nacimiento de Cristo. Y, lo que para nosotros es más relevante, abrió la puerta a las primeras consideraciones realistas sobre el lugar que ocupamos en el universo. Si ocurrió fue porque, por primera vez, el pensamiento racional compitió con la magia. La observación y la lógica se valoraron al fin.

La lógica estudia las secuencias de causa y efecto. *A* causa *B*, que a su vez causa *C*. Todo el mundo llega corriendo de los campos después de que una cuadra se haya derrumbado porque le ha caído un olivo encima. Lo ha derribado el viento. Ha ocurrido a mediodía, que es cuando el viento suele soplar más fuerte. Uno de los hombres más avispados de la aldea conecta *A* con *C* y se pregunta en voz alta: «¿Es posible que el Sol abrasador que está en su punto álgido sea el instigador del viento?». Y piensa luego: «Oye, qué divertido es esto de encontrar una posible relación entre el Sol y una cabra muerta». Los griegos se enamoraron de aquella lógica que acababan de descubrir.

Iban por buen camino, pero los habitantes de la Grecia arcaica —los primeros auténticos practicantes de la ciencia— se toparon con obstáculos desde el principio. Dos mil años más tarde, a comienzos del siglo XVII, el físico italiano Evangelista Torricelli sí fue capaz de explicar por qué sopla el viento, y *sí* tenía que ver con el Sol. Pero los griegos de la antigüedad tropezaban con la necesidad de conservar a sus dioses en escena, y se preguntaban entonces por qué Céfiro, dios del viento de poniente, decidía soplar unas veces y otras no. Se limitaban a encogerse de hombros: los dioses debían de tener sus razones inescrutables.

Si la cabra había muerto, debía de significar que Céfiro estaba castigando al cabrero por alguna trasgresión. Adivinar el posible delito llegó a convertirse incluso en el tema predilecto de los cotilleos entre vecinos. La infidelidad era siempre una apuesta tentadora, aunque con frecuencia se sospechaba que habría sido la soberbia. Si los motivos divinos escapaban al entendimiento humano, ¿para qué molestarse en intentar averiguar nada? Y en lo que se refiere a la «causa primera», la que lo había puesto todo en marcha, era exasperantemente imposible de precisar.

Sin embargo, aunque el estudio racional de la causa y el efecto se topara muy pronto con obstáculos insalvables, es de admirar que los habitantes de la Grecia arcaica no se rindieran. Y como hace la ciencia incluso hoy en día, y en especial cuando se trata de experimentos de la teoría cuántica (que estudiaremos más adelante), los antiguos griegos tuvieron que conformarse con la *verosimilitud*, una palabra preciosa que significa «apariencia de verdad».

Algo que parece ser verdad puede que sea de hecho verdad. O puede que no. Que el Sol cruza el cielo mientras la Tierra permanece inmóvil es una verosimilitud, una apariencia. *Parece* verdad. Sigue pareciendo verdad en nuestros días, y por eso decimos «se está poniendo el sol» y no «se está elevando el horizonte». Fue un paso grandioso el que dio Aristarco en la isla de Samos, ni más ni menos que dieciocho siglos antes de Galileo, al insistir en que se observaría el mismo efecto si fuera la Tierra la que girara y el Sol permaneciera estacionario..., y en que en realidad tenía más sentido que fuera así, porque es lógico que el cuerpo de menor tamaño gire en torno al de tamaño mayor.*

Será conveniente que recordemos esta idea de la verosimilitud más adelante, cuando también nosotros nos encontremos ante formas alternativas de interpretar lo que observamos a diario.

Entretanto, Aristóteles, en su innovador tratado *Física*, sostenía que el universo es una sola entidad en la que existe una conexión fundamental entre todas las cosas, y que el cosmos es

---

* Estar demasiado adelantado para la época, sobre todo en cuestiones relacionadas con aspectos fundamentales de la vida, rara vez le ha reportado a nadie ningún beneficio. ¿Quién ha oído hablar de Aristarco hoy en día? Lo hemos comprobado; no hay ni un solo instituto de enseñanza media en Estados Unidos que lleve su nombre. Eso sí, al menos a él no lo mataron por sus ideas, como a muchos otros pioneros del pensamiento racional.

eterno. No hacía falta obsesionarse con la cuestión de la causa y el efecto, decía en el siglo IV a. de C., porque todo ha estado siempre animado y contiene cierta clase de vida o energía intrínseca; no existe un punto inicial. En realidad, Aristóteles no se arriesgaba demasiado al postular todo esto, pues el solipsismo que caracteriza a su perspectiva había tenido ya muchos defensores antes de que él apareciera en escena.

Sin embargo, sus explicaciones no acaban aquí. En el Libro IV de *Física*, argumenta que el tiempo no tiene existencia independiente: subsiste solo mientras estamos presentes; lo hacemos existir con nuestra observación, lo cual coincide notablemente con los experimentos cuánticos modernos. Ningún físico actual piensa que el tiempo tenga realidad independiente como constante «absoluta» o universal de ningún tipo.

Aun así, ni Aristóteles ni Platón ni Aristarco consiguieron abandonar la dicotomía que separa un plano inferior, en el que existimos los mortales, de un plano celestial paralelo, allá en lo alto, habitado por los dioses.

En cambio, en Oriente las cosas eran muy distintas. Incluso en época anterior al Imperio romano, que conservó el panteón de dioses griego (aunque los cambió de nombre), una de las ramas principales del pensamiento del sur de Asia había empezado a codificarse en textos como la *Bhagavad Gita* y los Vedas. Su modelo de la realidad, que pronto se conocería como *vedānta advaita*, era asombrosamente distinto de la concepción occidental del mundo.

Lo mismo que Aristóteles, el *advaita* enseñaba que el universo es una sola entidad, a la que denominaba Brahman. Pero a diferencia de la concepción griega, este «Uno Absoluto» comprendía lo divino así como el sentido de individualidad de cada persona. Cualquier apariencia de dicotomía o separación, subrayaba, es mera ilusión, como confundir una cuerda con una serpiente. El *vedãnta advaita* explicaba a continuación el carácter eterno de ese Uno Absoluto, no nacido e imperecedero, que esencialmente se experimentaba como conciencia —el sentido de ser— y dicha.

Además, decían los profesores de *advaita*, comprender esto era la verdadera meta de la vida; no aplacar a los dioses, ni hacer donativos al clero, ni siquiera preocuparse por el más allá, sino sencillamente despertar a una plena comprensión de la realidad. Otras religiones posteriores, como el budismo y el jainismo, conservaron estos fundamentos. Y hoy en día el mundo sigue esencialmente dividido en estas dos perspectivas básicas de la realidad, occidental y oriental, dualista y no dualista, que existían hace ya más de un milenio.

Las religiones orientales sostienen que a lo largo de los siglos ha habido esporádicamente seres humanos que han tenido la experiencia de la «iluminación». Es decir, despertaron y vieron la verdad, y fueron absorbidos por el éxtasis y un sentimiento de libertad.

En los países occidentales, nació a finales del siglo XIX una fascinación por las concepciones orientales, impulsada por los viajes a Occidente de una sucesión de elocuentes e influyentes profesores indios como Paramahansa Yogananda, Swami Vivekananda y, en época más reciente, Deepak Chopra.

En la década de 1940, Yogananda, a través de obras como su famoso libro *Autobiografía de un yogui*, intentó dar una justificación científica a la perspectiva oriental del cosmos. En la mayoría de los casos, sus explicaciones sonaban forzadas y los argumentos científicos que presentaba resultaban muy poco convincentes. Probablemente persuadieran solo a aquellos que ya comulgaban con su punto de vista.

Pero la iniciativa en sí fue noble. Porque ¿puede una persona buscar sinceramente respuesta a sus preguntas sobre la realidad, nuestra naturaleza y el lugar que ocupamos en el universo sin tener la menor vocación espiritual? ¿Qué ocurre si a esa persona solo le interesa aquello que ha sido sometido a pruebas empíricas? ¿Es posible indagar con eficacia en estas cuestiones tan serias valiéndonos de la ciencia exclusivamente?

Esta es la pregunta del millón, y el auténtico punto de partida de nuestro viaje.

3

EN EL PRINCIPIO...

Todo cambia; todo deja su sitio y fluye.

Eurípides
(c. 416 a. de C.)

Sea cual sea la concepción del universo que abracemos, el tiempo parece desempeñar en ella un papel fundamental. Es más, los modelos existentes en la actualidad se basan hasta tal punto en el tiempo que no se pueden ni comprender ni rebatir sin entender el tiempo en sí. De modo que tendremos que estudiarlo antes que nada.

No se trata de una mera cuestión filosófica. Tiene una influencia sustancial en nuestras percepciones y es la bisagra entre el observador y la naturaleza. Es obvio que usamos el tiempo constantemente. Concertamos citas y hacemos planes para las vacaciones, y hay a quienes nos inquieta seriamente el más allá. Si existe una verdadera diferencia entre los seres humanos y los animales, no es que nosotros no nos asustemos de las aspiradoras. Es que estamos obsesionados con el tiempo.

En un sentido, lo que comúnmente llamamos tiempo es indiscutiblemente real. El GPS del coche nos dice que si nos mantenemos en esta autopista llegaremos a Cleveland dentro de tres horas y cuarenta y ocho minutos. Y así es. No solo eso, sino que mientras conducimos hacia nuestro destino, tienen lugar en nuestro cuerpo y en el resto del mundo innumerables sucesos.

No obstante, cuando observamos con más atención este intervalo comúnmente acordado, nos encontramos ante algo igual de inaprensible e intangible que cuando nos preguntamos qué ocurrió exactamente en Nochevieja después de las doce campanadas.

La cuestión del tiempo ha atormentado a los filósofos durante miles de años, y es una tortura que no da señales de remitir. Por suerte, a diferencia de lo que ocurre, por ejemplo, con la situación política de Oriente Medio, en este caso tenemos solamente dos puntos de vista contrapuestos.

Uno es la opinión que han sostenido algunos pensadores tan perspicaces y destacados como Isaac Newton, que consideraban que el tiempo formaba parte de la estructura fundamental del universo. Para Newton, era inherentemente real. De ser así, el tiempo constituye su propia dimensión y existe separado de los acontecimientos, que tienen lugar en orden secuencial dentro de su matriz. Probablemente es así como concibe el tiempo la mayoría de la gente.

La perspectiva contraria, defendida durante siglos por otra serie de pensadores igual de perspicaces, como Emanuel Kant, es que el tiempo *no* es una entidad real. No es una especie de «contenedor» por el que «van cruzando» los sucesos. En esta perspectiva, el tiempo no es algo que fluya; es sencillamente un marco ideado por los observadores humanos para poder organizar y estructurar el inmenso laberinto de información que se arremolina en sus mentes.

Si esta última concepción es la verdadera, y el tiempo no es más que una especie de marco intelectual, como lo son los sistemas numéricos que utilizamos o la forma en que ordenamos las cosas en el espacio, por supuesto no es posible «viajar en el tiempo», ni el tiempo se puede medir por separado.

Esto significa que los relojes no determinan el tiempo, sino que simplemente ordenan los sucesos secuencialmente, espaciados por igual, cada vez que un número digital reemplaza a otro o el minutero ahora está en un lugar de la esfera y luego en otro. Mientras esos sucesos transcurren, hay otros ritmos fiables que ocurren simultáneamente en otro lado. Y, como es obvio, la longitud entre cada tic y cada tac es arbitraria —ya que la han acordado por unanimidad los seres humanos— y no un decreto de la naturaleza.

La idea del tictac surgió a raíz de los cambios del Sol que observaron los habitantes de un mundo en el que se vivía mucho más al aire libre que en el actual. Los sumerios y los babilonios, hace más de seis mil años, utilizaban conceptos como «día», «año» y «mes». Poco después, la cultura índica definió unidades específicas de tiempo, como el *kālá*, que corresponde a 144 segundos.

En realidad, los hindúes crearon una mareante diversidad de intervalos. A uno y otro extremo de su espectro temporal las unidades eran tan exageradas que no tenían la menor utilidad práctica, además de ser poco menos que incomprensibles. Entre ellas estaban *paramānu*, cuya longitud aproximada era de 17 millonésimas partes de un segundo, y *mahã-manvantara*, que era un período de 311,04 billones de años. Las unidades que representaban estos intervalos larguísimos se engranaban con sus mitos de creación y destrucción, que explican la alternancia en el cosmos de ciclos de claridad con períodos de oscuridad para el ser humano, cada uno de los cuales se denomina *yuga*.

Con un carácter más práctico, el mundo agrícola de la Antigüedad se regía por sistemas estacionales de cómputo del tiempo, ciclos que algunas civilizaciones, como la maya, determinaron con asombrosa exactitud. Fueron estableciéndose en la vida cotidiana unidades de tiempo útiles menores que los meses y los días, primero con la creación del reloj de agua o de arena y más adelante con el descubrimiento que hizo Galileo del efecto del péndulo. En 1582 se dio cuenta de que las lámparas que colgaban de grandes cadenas en la catedral de la *piazza* del Duomo, en Pisa, oscilaban adelante y atrás en el mismo período sin importar cuál fuera la amplitud de la oscilación y, tras una impresionante demora, escribió sobre ello en 1602. Dicho efecto, que cualquier niño ha experimentado en el parque, consiste en que cuando el padre o la madre lo impulsan con fuerza, el período de desplazamiento del columpio desde un extremo al otro de la oscilación no difiere en nada de cuando el niño está tranquilamente sentado en el columpio sin balancearse apenas.

La razón es que el período está determinado básicamente por la longitud de la cadena, una propiedad denominada *isocronismo*. Resultó que una cuerda o cadena de un metro de longitud producía en su recorrido un período de exactamente dos segundos. No tardó mucho en utilizarse este principio en relojes de pared, cuyas largas varillas metálicas, de cerca de dos metros, marcaban segundos casi perfectos.

El cómputo portátil del tiempo dio un salto con la invención del reloj portátil de resorte, o reloj de bolsillo, en la segunda mitad del siglo XVII, gracias a los avances que realizaron Robert Hooke y Christiaan Huygens. A partir de ahí, la precisión ha ido aumentando vertiginosamente después de que en 1880 los hermanos Jacques y Pierre Curie descubrieran que los cristales de cuarzo vibran espontáneamente cuando se les aplica un bit de electricidad. Una vez cortados a un tamaño y forma determinados, podemos confiar en que oscilarán 32.768 veces por segundo, que es una «potencia de 2», esto es, 2 multiplicado por sí mismo 15 veces. Un circuito electrónico no tiene el menor problema en contar dichas oscilaciones y en marcar de ese modo segundos espaciados por igual. Esto ha permitido que a partir de 1969 hayan podido adquirirse relojes portátiles de gran precisión –los relojes de cuarzo que seguimos utilizando hoy en día– a bajo precio. Y ahora que todos podemos ponernos de acuerdo en «qué hora es exactamente», el mundo moderno, con sus citas y su planificación, se ha establecido en una realidad comúnmente acordada que gira en torno al tiempo.

A lo largo de todo este recorrido, no obstante, ni el vaivén del péndulo, ni las oscilaciones de una barra de equilibrio mecánica, ni las vibraciones del cuarzo eran prueba de que el tiempo existiera. Estos instrumentos proporcionaban simplemente movimientos reiterativos regulares, lo cual nos daba la posibilidad de comparar unos sucesos repetitivos con otros. Era posible darse cuenta, por ejemplo, de que, por cada 1.800 oscilaciones del péndulo del reloj de pared, una vela encendida se consumía 2,5 centímetros y la Tierra giraba un cuarentaiochoavo de su rotación completa. Ciertamente, esto nos permitía llamar a la duración de cualquiera de estos sucesos «media hora», pero eso no significaba que el período de tiempo en sí tuviera una realidad independiente, como por ejemplo una sandía.

Luego, de repente, toda la cuestión del tiempo se hizo mucho más insólita, con el descubrimiento de que algunos sucesos empiezan a desarrollarse más rápido que antes, en relación con otros. Y el asunto se volvió ya seriamente desconcertante cuando Einstein expuso sus extrañas ideas, pero lógicas a pesar de todo, que incorporó a sus teorías especial y general de la relatividad, de 1905 y 1915 respectivamente. En ellas, extendió y explicó curiosidades y paradojas que George FitzGerald y Hendrik

Lorentz habían advertido en las décadas anteriores. En pocas palabras, emergió una revelación totalmente inesperada: incluso si el tiempo fuera una entidad factual, no puede ser una constante como la velocidad de la luz o la gravedad. Fluye a ritmos diferentes. La presencia de un campo gravitatorio retarda el paso del tiempo, y el movimiento rápido también.

No es algo que sepamos por intuición, porque en el instituto en el que estudiamos estábamos todos en el mismo campo gravitatorio..., y porque nunca, ni siquiera en los alocados años de la adolescencia, hicimos una escapada en coche y pisamos el acelerador hasta superar una ochomillonésima parte de la velocidad de la luz. Y como es imprescindible ir a un 87% de la velocidad de la luz para sentir que el tiempo se ralentiza y su ritmo habitual se reduce a la mitad, nunca nos aproximamos ni remotamente a experimentar en persona la volubilidad del tiempo (que en cualquier caso sería función de nuestros vehículos rodados, demasiado lentos por ahora, y no fruto de nuestra sabiduría).

Los astronautas tienen más suerte. Orbitando a una veintiséis milésima parte de la velocidad de la luz, pueden incluso calcular en cuánto se ralentiza el paso del tiempo, utilizando relojes sensibles..., lo cual saca a relucir un enigma muy rara vez discutido. Aunque se desplazan a mayor velocidad, los astronautas se han alejado a la vez de la superficie terrestre y han entrado en un campo de gravedad más débil, y que tiene el efecto opuesto, es decir, acelera el paso del tiempo. Sin embargo, el factor que prevalece es el de su alta velocidad, lo que significa que envejecen con *menos* rapidez que la gente que está en tierra. Tendrían que estar a una altura ocho veces mayor que la de la órbita de la Estación Espacial Internacional, o a 3.200 kilómetros sobre la superficie terrestre, para que esa gravedad más débil equilibrara exactamente su actual velocidad ralentizada y les permitiera envejecer al mismo ritmo que sus contemporáneos. Más lejos aún, en la superficie de la Luna, el tictac de los relojes es más rápido que el de los operarios que controlan la misión en Houston, aunque nadie haya compensado a las tripulaciones de las misiones Apolo con una jubilación anticipada.

Las distorsiones del tiempo a las que nos referimos no son sutiles ni tienen un interés meramente académico. Los satélites GPS sencillamente no funcionarían si no se les hicieran adiciones continuas para compensar los diversos efectos de la deformación del tiempo. Dado que el fundamento de ese sistema de navegación es recibir de cada satélite señales de tiempo precisas, cualquier cosa que altere el paso del tiempo de los instrumentos o los receptores hará que todo se vaya al garete.

¿Eres un auténtico chiflado de la tecnología al que le importan de verdad todos estos detalles tecnológicos o físicos? Si es así, fíjate en la cantidad de anomalías que se producen en cómo parece fluir el tiempo, todas ellas creadas por la propia tecnología diseñada para medirlo:

Primera anomalía: los satélites viajan a 14.000 kilómetros por hora, lo cual ralentiza sus relojes.

Segunda anomalía: están muy alejados de la Tierra, en un campo de gravedad reducida, que acelera el tiempo en ellos respecto a la superficie terrestre.

Tercera anomalía: los usuarios de navegadores GPS en la superficie terrestre se encuentran situados a diversas distancias del centro de la Tierra (a la gran altitud de Denver frente a la baja altitud de Miami, por ejemplo), lo cual hace que el tiempo transcurra a una diversidad de ritmos distintos.

Cuarta anomalía: la diferencia entre la velocidad de rotación de la Tierra en localidades terrestres distantes entre sí produce incoherencias en sus convenciones sobre el paso del tiempo, lo cual se denomina efecto Sagnac, o interferencia de Sagnac.

Quinta anomalía: el tiempo transcurre con más lentitud para todos los observadores terrestres (que para cualquier colono lunar del futuro) debido a que la velocidad de rotación de nuestro planeta en el ecuador es de 1.673 kilómetros por hora (la velocidad va disminuyendo a medida que nos apartamos del ecuador).

Sexta anomalía: el paso del tiempo de los satélites cambia continuamente porque sus órbitas, ligeramente elípticas, hacen que se aceleren y desaceleren, y también porque pasan a gran velocidad por irregularidades del campo gravitatorio terrestre debidas a peculiaridades como el abultamiento ecuatorial de nuestro planeta.

En total, hay seis distorsiones del tiempo einsteiniano que afectan a los relojes de los receptores, la mitad de las cuales distorsionan también los relojes de los satélites, y todas ellas deben corregirse con precisión continuamente, ya que cualquier incoherencia arruinaría la exactitud del sistema por completo.

Y recuerda siempre: no estamos hablando de la deformación de una entidad real llamada tiempo. Solo estamos informando de que hay sucesos que se desarrollan a ritmo más pausado, o más apresurado, de lo que se desarrollaban antes, *relativamente comparados a otros*. Este sigue siendo un punto clave. El halcón bate las alas con lentitud, mientras que las alas del colibrí se mueven a ritmo rapidísimo. Claro que podríamos incluir en el debate nuestros conceptos del tiempo, pero no es necesario. Una cosa es el suceso, y otra cómo lo categorizamos o medimos.

Por si alguien imagina que las «distorsiones del tiempo» son solo un ejercicio mental, pura teoría, el hecho es que la dilación del tiempo einsteiniana puede incluso causar la muerte. Cuando los rayos cósmicos (partículas de energía muy elevada que chocan contra la atmósfera terrestre) colisionan con las moléculas de la capa superior del aire, desintegran los átomos, como hace una bola de billar al chocar contra las bolas dispuestas en triángulo al inicio de la partida, y la lluvia de partículas subatómicas resultante contiene algunas que pueden ser letales para los seres humanos, si inciden en un material genético susceptible de sufrir sus efectos. Se trata de *muones* que atraviesan nuestro cuerpo constantemente y son causantes de algunos de los cánceres de generación espontánea que han afectado desde siempre a nuestra especie. Más de doscientos de ellos penetran nuestro cuerpo cada segundo —y más, si vivimos a mayor altitud, en sitios tan peligrosos como por ejemplo Denver—. La cuestión es que los muones, con una masa intermedia entre los protones y los electrones, tienen una existencia de apenas 2 microsegundos antes de deteriorarse y dar lugar a productos derivados inofensivos; y unos pocos microsegundos no les bastan para recorrer la gran distancia que los separa de la superficie terrestre y adentrarse en nuestras células, pese a viajar a una considerable fracción de la velocidad de la luz.

Los muones deberían deteriorarse con tal rapidez tras ser creados, a una altura de hasta 56 kilómetros, que no deberían poder llegar a nosotros. No deberían llegar hasta aquí. No deberían ser un problema. Pero lo son. Lo que en nuestro cómputo del tiempo son unos pocos microsegundos se convierte en un período de tiempo más prolongado para los muones. Lo suficiente como para pervivir. Para ellos el tiempo se ha decelerado debido a su elevada velocidad. Para nosotros que lo observamos, la vida del muon se ha prolongado, y la nuestra quizá abreviado; sin embargo, desde la perspectiva de la partícula, el tiempo transcurre con normalidad.

Hay lugares en el cosmos donde ocurren un millón de años de sucesos mientras en la Tierra transcurre simultáneamente un solo segundo de actividad. Sin embargo, ambos lugares tienen la sensación que estar viviendo un paso normal del tiempo.

Esto significa que las secuencias que experimentan los observadores de distintos lugares han de estar «desincronizadas». Si el ritmo al que transcurren los sucesos depende de factores como la gravedad local y la velocidad de desplazamiento particular, ¿cómo puede haber una convención estable denominada *tiempo*?

Para estudiar esto, los físicos intentan averiguar en sus ecuaciones si el tiempo es crítico, si existe siquiera o si lo que se ha denominado tiempo es meramente el hecho del *cambio*, representado desde épocas muy anteriores a la nuestra con la letra mayúscula griega delta: Δ. Al hacerlo, descubren que las leyes de Newton, las ecuaciones de Einstein en todas sus teorías e incluso la posterior teoría cuántica son todas simétricas en lo referente al tiempo: sencillamente, el tiempo no desempeña ningún papel. El tiempo no avanza. De ahí que en el campo de las ciencias físicas muchos hayan declarado al tiempo inexistente.

Como explicaba Craig Callender en el 2010 en la revista *Scientific American*:[*]

> Tenemos la sensación de que el momento presente es especial. Es real. Por mucho que recordemos el pasado o anticipemos el futuro, vivimos en el presente. Por supuesto, el momento en el que leemos esa frase ya no está sucediendo. El que está sucediendo es

---

[*] http://www.scientificamerican.com/article/is-time-an-illusion/.

este. En otras palabras, tenemos la sensación de que el tiempo fluye, porque sentimos que el presente se actualiza constantemente. Tenemos una idea muy arraigada de que el futuro está abierto a nosotros hasta que se convierte en presente, y de que el pasado es fijo e inamovible. Y a medida que el tiempo fluye, hacemos avanzar en el tiempo esta estructura compuesta de un pasado fijo e inamovible, un presente inmediato y un futuro abierto. Es una estructura incorporada a nuestro lenguaje, pensamiento y comportamiento. La forma en que vivimos nuestra vida pende de ella.

Sin embargo, por muy natural que sea esta forma de pensar, no la encontraremos reflejada en la ciencia. Las ecuaciones de la física no nos dicen qué sucesos están ocurriendo justo ahora; son como un mapa en el que no aparece el símbolo «tú estás aquí». El momento presente no existe en ellos, ni por consiguiente existe tampoco el flujo del tiempo. Además, las teorías de la relatividad de Albert Einstein dan a entender no solo que no hay un presente único y especial, sino también que todos los momentos son igual de reales.

Los filósofos, en general, han estado de acuerdo. En definitiva, el pasado no es más que una memoria selectiva; *tu* recuerdo de un acontecimiento es diferente del mío, y ambos recuerdos son simplemente eso: señales de las células cerebrales, neuronas que se activan en el momento presente. Y si el pasado es una idea que solo puede ocurrir en el aquí y ahora, y el futuro es asimismo solo un concepto que existe exclusivamente en el presente, parece obvio que no existe sino el ahora. Siempre. Luego ¿hay *realmente* un pasado y un futuro, o solamente un *continuum* de momentos presentes?

El debate no es nuevo. Como hemos visto, varios escritores de la Grecia clásica creían que el universo es eterno, sin origen. Y tener un pasado infinito, sin origen alguno, hacía que el tiempo pareciera insignificante. La eternidad, al fin y al cabo, es fundamentalmente distinta de «un tiempo sin fin». Incluso en época tan lejana como el siglo v a. de C., Antifonte el sofista, en su obra *Sobre la verdad*, escribió: «El tiempo no es una realidad, sino un concepto o una medida».

En la ciudad de Elea, Parménides secundaba esto en su obra *Sobre la naturaleza*, poema didáctico que en una sección titulada «El camino de la verdad» afirma que la realidad, a la que él se refiere como «lo que es», es una, y la existencia es atemporal. Dice que el tiempo es una ilusión.

Poco después, aún en el siglo v a. de C., en aquella misma ciudad de Elea, el famoso Zenón creó sus inmarcesibles paradojas, que en el capítulo siguiente nos enseñarán algo tan crucial como es saber distinguir entre el ámbito conceptual de las ideas y las matemáticas y el mundo físico real (lo cual resolverá la vieja y fastidiosa paradoja de la liebre y la tortuga, que has tenido archivada en el cerebro todos estos años en la sección dedicada a «tormentos mentales varios»). Zenón nos ayudará a entender también por qué ni el tiempo ni el espacio son entidades físicas.

En total contraposición a las despreocupadas cavilaciones griegas sobre la eternidad, los teólogos y filósofos medievales tendían a considerar infinito solamente a Dios. Para ellos, Su creación, el universo, debía por tanto tener un pasado finito, un momento concreto de nacimiento y es de suponer que también una fecha de caducidad. Atendiendo a este razonamiento, el tiempo *es* parte del cosmos y por consiguiente finito.

Pero basta de filosofías. Aunque los debates sobre el tema continúan hasta el día de hoy, si los hemos mencionado aquí ha sido solo para ilustrar cómo la realidad del tiempo, que el público da por sentada, sigue cuestionándose seriamente entre aquellos que tienen tal cantidad de tiempo de ocio como para cavilar sobre estas cuestiones. Más importante aún para nosotros es que se cuestiona incluso en la corriente científica dominante. Y es la perspectiva científica exclusivamente la que nos va a guiar ahora que estamos decididos a encontrar una solución definitiva a la cuestión del tiempo..., la primera clave con la que contamos para comprender la existencia, la muerte y nuestra verdadera relación con el cosmos.

Debemos trasladarnos al único lugar de la ciencia donde se da por supuesto que es necesaria la direccionalidad del tiempo: el campo de la termodinámica, cuya segunda ley incluye un proceso llamado *entropía*. Se trata de una inclinación natural a pasar del orden al desorden que necesita una «flecha» o dirección de tiempo. Si esa flecha realmente existe, resultará que, después de todo, el tiempo es un elemento real y, pese a nuestro desconcierto, nos irá quitando uno a uno los minutos que nos queden de vida.

Será mejor que nos demos prisa en llegar al fondo de la cuestión. Apelaremos a personas de carne y hueso que contribuyeron a aclarar qué es todo esto. La odisea nos llevará de Parménides y Zenón, que vivían en un mundo muy diferente del nuestro, a la Europa del siglo XIX y un nombre que conocen bien todos los estudiantes de física: el genial, fascinante, aunque con un trágico final, Ludwig Boltzmann.

4

ZENÓN Y BOLTZMANN

La vida [...] presupone su propio cambio y movimiento,
y nosotros intentamos detenerlos por nuestra cuenta y eterno riesgo.

Laurens van der Post,
Aventura en el corazón de África (1951)

Probablemente deberíamos empezar por Parménides, que nació alrededor del año 515 a. de C. en Elea, una ciudad de la Grecia continental. Fue el fundador de la escuela eleática, que se convertiría rápidamente en una de las principales escuelas del pensamiento griego presocrático. Aunque solo han sobrevivido pequeños fragmentos de su obra principal −el largo poema didáctico en tres partes *Sobre la naturaleza*−, en realidad no hay necesidad de complicar lo que en esencia es una perspectiva del mundo muy simple, y que coincide notablemente con el biocentrismo dos mil quinientos años más tarde.

Las ideas de Parménides contaron con el respaldo e impulso de Zenón, nacido en el mismo asentamiento veinticinco años después. Ambos defendieron incansablemente que la multiplicidad aparente de los objetos que vemos alrededor, así como sus formas y movimientos cambiantes, no son sino la apariencia de una sola realidad eterna a la que denominaron «Ser». Esta perspectiva sintonizaba en buena medida con lo que se había escrito en los textos sánscritos mil años antes, aunque parece ser que Parménides y Zenón llegaron independientemente a sus percepciones.

El principio parmenidiano se reduce a «todo es uno». Puede parecer un pensamiento filosófico más bien vago, pero entraña una infinidad de percepciones experienciales que influyen decisivamente en las experiencias cotidianas del aquí y ahora. Para los eleáticos, el murmullo de un arroyo, por ejemplo, se entendía como expresión de la ilimitada energía y la representación manifestadas por el *Ser* o la existencia, mientras que la escuela opuesta (abrazada casi universalmente en la época moderna) entiende que una multiplicidad de objetos separados, casi independientes, como moléculas de agua y cantos rodados, muestran acciones derivadas de un proceso de causa y efecto en una matriz espaciotemporal, en la que dichos elementos dispares vienen y van individualmente. Y aunque a primera vista pueda parecer que las diferencias entre la perspectiva de una causación múltiple y la de «una sola esencia animada» son puramente filosóficas y carentes de importancia, cada una de ellas lleva a conclusiones muy diferentes sobre lo que de hecho está sucediendo y la clase de realidad de la que formamos parte. Es de hecho una cuestión que afecta al modo esencial de vivir la vida.

Quizá por eso Parménides y Zenón, poco menos que obsesionados con el concepto elemental y sencillísimo del Ser, sintieron una necesidad de difundir la noticia semejante a la del célebre mensajero de guerra estadounidense Paul Revere.[*] Al hacerlo, recalcaban que su perspectiva no era una cuestión de fe

---

[*] Su célebre «Cabalgada de Medianoche», al comienzo de la guerra de la Independencia, para avisar de la llegada de tropas británicas, permitió que se prepararan las defensas y se ganase la batalla. Por ese motivo es reverenciado en Estados Unidos como un símbolo de patriotismo.

ni de percepción, sino que podía demostrarse mediante la lógica. Y para corroborar que cualquier afirmación de cambio o de no Ser era ilógica, Zenón en concreto creó una serie de paradojas dirigidas a refutar todos los argumentos basados en el tiempo o el movimiento, y que a su entender conducirían inexorablemente de vuelta a la simplicidad de la Única Energía. Incluso hoy, siguen enseñándose, debatiéndose y considerándose válidas, en general, las paradojas de Zenón.

No solo eso, sino que, admirado, Aristóteles lo acreditó como el inventor de la *dialéctica*, término que con el tiempo sería sinónimo de la lógica formal. En cierto modo, no dejaba de ser una ironía, cuando el propósito de Zenón había sido en todo momento defender y recomendar la doctrina parmenidiana de la existencia de «una sola» realidad indivisible, que era una postura lo menos intrincada y retorcida humanamente posible. Así que cuando nos encontremos ante las paradojas de Zenón, deberíamos recordar que su objetivo no era ni la sagacidad ni descalificar las maquinaciones del pensamiento lógico, sino refutar y desaprobar la creencia generalizada en la existencia de «los muchos», es decir, de objetos individuales dotados de cualidades basadas en el tiempo y de movimiento autónomo.

Zenón creó muchas paradojas para demostrar su invalidez, pero solo mencionaremos las tres más conocidas. Probablemente todo el mundo haya oído la fábula de Aquiles y la tortuga, a la que se le han dado también otros nombres. Aquiles empieza por darle a la tortuga, dada su lentitud, una ventaja inicial, tras la cual intentará llegar a su altura y adelantarla en la carrera. Supongamos que la tortuga avanza a la mitad de la velocidad de Aquiles. Cuando este llega al lugar del que había salido la tortuga, ella se ha desplazado el equivalente a la mitad del recorrido hecho por Aquiles. Cuando Aquiles llega a la nueva posición, la tortuga ha seguido avanzando lentamente y se encuentra a la mitad de distancia de su avance inicial y de la nueva posición de Aquiles. Y cuando este llega a la que debería ser la posición de la tortuga, qué duda cabe de que el animal se las ha arreglado para avanzar nuevamente la mitad de *esa* última distancia recorrida. Aunque las mitades van dividiéndose por la mitad en el avance y son cada vez más pequeñas, Aquiles nunca consigue alcanzar a la tortuga.

La segunda paradoja es similar: si Homero quiere llegar a un hombre que vende uvas desde una carreta en marcha, primero debe avanzar hasta la mitad de la distancia que separa la puerta de su casa del vendedor de fruta. Luego, debe llegar al punto intermedio de la distancia restante. A continuación, a la mitad de *esa* distancia. Es obvio que en todos los casos tendrá que recorrer primero la mitad de la distancia que lo separe del vendedor, y esto se traduce en una tarea infinita, sin conclusión posible. Homero no puede comprar las uvas.

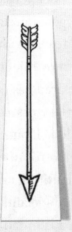

En cada momento, estamos al borde de una paradoja conocida con el nombre de «La flecha», descrita por primera vez por Zenón de Elea hace dos mil quinientos años.

Dado que nada puede estar en dos lugares a la vez, su razonamiento es que una flecha está en un solo punto en cualquier instante de su vuelo.

Pero si está en un solo lugar, debe permanecer momentáneamente en reposo. La flecha debe estar por tanto presente en algún sitio, en un lugar específico, en cada momento de su trayectoria.

Lógicamente, no es movimiento propiamente dicho lo que está ocurriendo, sino una serie de sucesos separados.

El avance del tiempo –del que es encarnación el movimiento de la flecha– no es por tanto una cualidad del mundo externo sino una proyección de algo que hay en nosotros, y que nos lleva a enlazar entre sí aquello que observamos.

Según este razonamiento, el tiempo no es una realidad absoluta sino una función de nuestra mente.

La tercera paradoja se refiere a una flecha en vuelo. Obviamente, en cualquier instante dado, la flecha debe estar *en un punto* y en ningún otro. Ya no está donde antes estaba, y en su vuelo todavía no ha llegado al siguiente punto posible. En otras palabras, en ningún instante hay movimiento, porque la flecha está exclusivamente en una posición precisa y por tanto en reposo. Y si todo está inmóvil en cada instante, y el tiempo está enteramente compuesto de instantes, quiere decir que el movimiento es imposible.

En esta vida nuestra tan ajetreada, tal vez haya una tendencia a rechazar esta clase de lógica por considerarla un simple rompecabezas, a apartarla como si se tratara de espantar una mosca. Pero las paradojas de Zenón han atormentado a las mentes más lúcidas de todos los tiempos, y aunque ha habido quien ha anunciado «soluciones» a bombo y platillo, la opinión general es que siguen siendo válidas actualmente. Lo cierto es que se pueden resolver con el biocentrismo. Una vez comprobado que el tiempo y el espacio no son entidades reales como los cocos, el biocentrismo indica que no se pueden dividir una y otra vez hasta producir situaciones tan desconcertantes. Por otra parte, cualquiera puede darse cuenta de que el mundo físico no es igual que las matemáticas, eminentemente abstractas, y ni siquiera es igual que la lógica más simple que podamos usar para describirlo. La lógica presupone un pensamiento simbólico, en el que los objetos y conceptos están representados por ideas, mientras que el mundo real no necesita regirse por esas reglas semánticas. Según este razonamiento, las paradojas de Zenón surgen porque hemos intercambiado lo físico por lo abstracto, y tan enraizados estamos en nuestra mente pensante que hemos olvidado cómo reconocer la diferencia. En el mundo abstracto, dividir interminablemente por la mitad las distancias es el impedimento por el que Homero nunca podrá comprar las uvas; pero en la realidad de hecho, en la realidad no simbólica de la naturaleza, puede sencillamente llegar andando hasta el vendedor y pagarle un dracma.

Para lo que a nosotros nos interesa, de todos modos, basta con mostrar que el espacio y el tiempo —aparentemente la piedra angular que al entender de muchos da una estructura real al universo— son simplemente frágiles constructos mentales cuya existencia lógica pueden echar por tierra inteligencias como la de Zenón. Si él estaba en lo cierto y el movimiento no puede en realidad existir, ¿qué es lo que experimentamos cuando vemos una bola de *home run* fallar por muy poco el poste de *foul* en un partido de béisbol? ¿Qué está pasando?

Antes de llegar a eso, nos queda una tarea pendiente en la «degradación» del tiempo: ver si cuenta con el respaldo de alguna rama de la ciencia.

Esto nos lleva al físico y filósofo austriaco Ludwig Boltzmann, que nació en 1844. Inició sus estudios de física a los diecinueve años en la Universidad de Viena tras morir su padre, se doctoró a los veintidós y se hizo profesor. Eran tiempos emocionantes para la física, y Boltzmann sentía una particular fascinación con desarrollar un método estadístico que permitiera explicar y predecir el movimiento y la naturaleza de los átomos, a fin de poder determinar con precisión propiedades de la materia como la viscosidad, es decir, básicamente, lo glutinosos o fluidos que son los líquidos.

Boltzmann sufrió toda su vida de súbitos cambios de humor, que fluían igual que sus líquidos a ritmo inmensamente distinto unos de otros. Probablemente hoy en día se le habría diagnosticado un trastorno bipolar. Esto dificultaba la relación con sus colegas, pero no le impidió hacer importantes avances en la explicación de cómo se comporta la materia. Con ello, anticipó en cierto modo la mecánica cuántica que aparecería décadas después, y que se basa también en la estadística para comprender cómo opera el mundo físico. Antes de sucumbir finalmente a la depresión y ahorcarse a los sesenta y dos años, creó tres leyes de la termodinámica, la segunda de las cuales, asociada comúnmente con la idea de la entropía, sigue siendo la más famosa.

La entropía entra en los razonamientos que nos incumben porque es la única área de la física que parece defender la existencia del tiempo. En todas las demás, tanto en las ecuaciones de la relatividad general como en las leyes del movimiento planetario de Kepler o en la mecánica cuántica, todo es simétrico en el tiempo, es decir, ocurre, pero no existe una flecha o direccionalidad externa que haga del tiempo una entidad real.

El modelo de los átomos de un gas que creó Boltzmann recuerda a las bolas de billar que entrechocan unas con otras. Mostró que estando todos dentro de una caja, cada colisión provoca una distribución de la velocidad y la dirección cada vez más desordenada. Finalmente, incluso aunque en las condiciones iniciales hubiera cierto grado de orden —supongamos que, por ejemplo, un lado de la caja contenía átomos calientes que se movían a gran velocidad y el otro lado, átomos fríos y de movimiento lento—, dicha estructura se desvanecía. Ese estado final de gran uniformidad, o total falta de orden incluso a nivel microscópico, se denomina *entropía*. Es cuestión de tiempo que las condiciones finales sean inevitablemente un estado de máxima entropía.

Date cuenta de que la palabra *tiempo* es crucial para el proceso. Y esta es la cuestión. El acto de pasar de la estructura al desorden, o entropía creciente, es un proceso unidireccional. La uniformidad final, y la eliminación de todas las diferencias de temperatura, parece depender del tiempo porque no es reversible. Lo comprobamos a diario en nuestra vida. Por alguna razón, nunca vemos que el cajón de los calcetines esté cada día más ordenado, que por mucho que rebusquemos en él haya cada vez más calcetines colocados por parejas. Lo natural es que haya cada vez más desorden. Y si esta realidad puede considerarse evidencia física y matemática de la «dirección» o «flecha» del tiempo, eso indicaría que el tiempo es real.

Los físicos no se toman a la ligera las flechas del tiempo. Stephen Hawking dijo en una ocasión que si llega el momento en que el universo deja de expandirse y se empieza a desintegrar, la flecha del tiempo apuntaría en la dirección opuesta y los procesos físicos se revertirían a todos los niveles. Es de suponer que nosotros no advertiríamos nada raro, ya que nuestros mecanismos mentales y funciones cerebrales correrían también al revés. En cualquier caso, Hawking acabó llegando a la conclusión de que el tiempo no podía revertirse, y cambió de idea como para poder demostrar el proceso.

No tenemos más pruebas contundentes de la realidad del tiempo que la segunda ley de la termodinámica de Boltzmann. Pero la entropía no es poco. Es hasta cierto punto indiscutible. ¿Hay alguna solución que no nos haga parecer ingenuos por intentar defender y construir nuestra catedral antitiempo catedral antitiempo?

Afortunadamente, la hay. Aunque muchos, sin pensarlo demasiado, utilizan la entropía como argumento para defender la realidad del tiempo, ni siquiera el propio Boltzmann lo entendía así. La entropía, decía, es simplemente la consecuencia de vivir en un mundo de partículas que colisionan mecánicamente entre sí y en el que los estados de desorden *son los más probables*. Dado que son mucho más posibles los estados desordenados que los ordenados, el estado de máximo desorden es simplemente el que tiene más probabilidades de aparecer. Dicho de otro modo, la entropía es meramente el resultado de que unas cosas choquen contra otras en el aquí y ahora. No existen flechas. La aleatorización es un proceso que tiene lugar en el momento presente. Indudablemente, los seres humanos siempre podemos mirar con atención una escena dinámica, apartar la mirada durante un rato, luego volver a mirar, y lo que veamos ahora será diferente. Pero la diferencia de escenas, el hecho del cambio y la aleatorización en sí no son lo mismo que el tiempo.

Boltzmann indicó básicamente que un estado de orden en el que las moléculas se muevan todas a la misma velocidad y en la misma dirección es el caso más improbable que podamos imaginar. En otras palabras, la segunda ley de la termodinámica es un mero hecho estadístico. Cualquier desorden gradual de la energía es como barajar las cartas. Lo que llamamos «orden» cuando compramos la baraja y cada palo está dispuesto en orden ascendente, era un caso especial. El acto de la aleatorización no requiere la intervención mágica de una fantasmal entidad externa.

Por tanto, si en realidad el tiempo no existe, ¿qué es lo que experimentamos nosotros en la vida cotidiana? Necesitamos saberlo, antes de indagar en la aterradora consecuencia final del tiempo, el fin aparente de la vida. Pero lo que es aún más importante, necesitamos saber qué experimentamos cada uno, dónde tienen lugar estas aventuras y cómo se desarrollan nuestras vidas.

5

LLEGAN LOS CUÁNTICOS Y DESBARATAN LA MESA DE BILLAR

¡Por el contrario! –continuó Tweedledee–. Si hubiese sido así,
entonces lo sería, y siéndolo, quizá lo fuera; pero como
no fue así, tampoco lo es asá. ¡Es lógico!

Lewis Carroll,
A través del espejo y lo que Alicia encontró allí (1871)

La mayoría de la gente cree que hay un universo físico independiente «ahí fuera» que nada tiene que ver con la percepción que tengamos de él. Esta verdad aparente fue la que imperó sin muchas disensiones hasta que nació la mecánica cuántica. Solo entonces surgió una voz creíble de la ciencia que coincidía con aquellos que habían insistido en que el universo al parecer no existe sin alguien que lo perciba.

Hasta ese momento, toda esta cuestión se consideraba demasiado enrevesada, más propia de la filosofía que de la ciencia. Y sin embargo, la relación entre el mundo físico y la conciencia, tan impregnada de la particular fragancia que le ha impuesto cada cultura, en realidad ha obsesionado y fascinado a la ciencia durante siglos.

A juzgar por las apariencias, se diría que la conciencia o la percepción es algo totalmente distinto de los átomos, fuerzas y

MÁS ALLÁ DEL BIOCENTRISMO

mecanismos de causa y efecto del cosmos. Cualquiera que hoy en día decidiera unirlos todos de entrada tendería a dar prioridad al universo material, y luego intentaría descubrir cómo surgió de él la conciencia. Pensaría, por ejemplo, que el cerebro está constituido por átomos, que a su vez están compuestos de partículas subatómicas —entidades conocidas, todas ellas—, y opera mediante un proceso electroquímico cuya naturaleza ha dejado de ser un misterio. Si nuestra percepción consciente es alguna clase de derivado de todo esto y tiene carácter meramente subjetivo, es comprensible que se considere incidental y secundaria en el modelo de realidad autónoma aceptado mayoritariamente en el mundo moderno, en cuyo caso has tirado el dinero al comprar este libro. Y ese es precisamente el modelo con el que la ciencia hubiera podido salirse con la suya, de no haber sido por una fastidiosa perspectiva aparecida hace poco más de un siglo: la mecánica cuántica.

Básicamente, y esto se remonta a hace más de dos milenios, a la época de Aristóteles, una de las primeras cuestiones que se plantearon fue si la conciencia pertenece a un ámbito separado del mundo físico. No era una idea descabellada. Creer que era así les permitió, a quienes querían explorar asuntos como el libre albedrío, la moralidad, la espiritualidad y (posteriormente) la psicología, disponer de un campo de investigación para ellos solos, mientras que aquellos a quienes les interesaba indagar en el cómo y el porqué del cosmos físico disponían del suyo propio. No tenían por qué enredar en las mismas cuestiones unos y otros.

Si había alguna conexión o coincidencia entre los dos ámbitos —el de la conciencia y el del mundo físico—, era indiscutiblemente porque los dioses, o el único Dios, habían creado ambos. Por eso los tratados sobre el comportamiento individual, lo mismo que los «filósofos de la naturaleza» como Newton que consiguieron revelar la lógica y la constancia de todo movimiento físico, citaban habitualmente al Creador, costumbre que no desapareció hasta el pasado siglo. En estos tiempos, no es muy probable que ni tu terapeuta ni tu profesor de física mencionen a la Deidad.

Incluso en fecha tan reciente como el siglo XVII, René Descartes afirmó que habitaban el cosmos dos ámbitos completamente distintos: la mente y la materia. Tenía razones lógicas para decirlo, pues para que la mente y la materia interactúen tiene que haber un intercambio de energía; y nadie había visto jamás que la energía de ningún objeto disminuyera o creciera por ser observado. Naturalmente, si nuestra mente no afecta a la materia, lo inverso debe de ser también verdad. Y si la energía total del universo nunca cambia (lo cual es cierto), no parece que pueda quedar energía para una o más conciencias separadas, lo que significa que la conciencia ni siquiera existe.

Pero sí existe, como ilustró Descartes con su famosa máxima. Así que a partir de ese momento, en general los científicos dejaron a la conciencia en paz. Cuando de tarde en tarde surgía alguna tibia tentativa de unificarlo todo, partía siempre de la supremacía del mundo material, aleatorio e inerte, que presumible y misteriosamente habría engendrado la capacidad de percepción consciente (a veces se denominaba a esta postura filosófica monismo físico). Nadie probó a tomar la ruta alternativa y a argumentar que tal vez el universo material surgiera de la conciencia. No se puede culpar a nadie por ello. La conciencia se consideraba y sigue considerándose casi fantasmal. ¿Cómo iba a poder la mera percepción mover una roca, no hablemos ya de crear un planeta?

Por tanto, la elección estaba clara entre la gente pensante. El dictamen de la ciencia moderna era, y es: atengámonos al dualismo cartesiano de mente y materia. Durante siglos se han considerado inherentemente separadas, o cada vez son más los que piensan que la conciencia surge inexplicablemente de un mecanismo aún no descubierto que existe dentro de los cuerpos materiales, como podrían ser la estructura o la química del cerebro.

La razón de que se sostuviera la dualidad mente y materia era a la vez noble y lógica. Aristóteles, impaciente por elucidar cómo funciona todo y deseoso de descubrir las leyes físicas del cosmos, pensó que prescindir de la opinión de los observadores individuales, propensos siempre a equivocarse, solo podía mejorar las cosas. En pocas palabras, buscaba a toda costa *objetividad*, lo cual implica esencialmente que todo lo que hay en el mundo está separado y es independiente de nuestra mente. A Isaac Newton le gustó también mucho esta idea, y para mediados del siglo XVII, sus tres leyes del movimiento ayudaron a consolidar lo que hoy denominamos física clásica.

En Francia, aproximadamente por la misma época, Descartes apoyaba plenamente la postura con su postulado del *realismo material*, o *determinismo causal*. (Estos términos tan rimbombantes hacen referencia ni más ni menos que al modelo vigente del universo establecido por la física newtoniana, según el cual todos los objetos tienen masa e influyen unos en otros. Sin la «atracción» de esa miríada de objetos en movimiento, todo lo demás permanecería en reposo, o bien seguiría viajando imperturbable, y no veríamos suceder ningún cambio). Recordando las terribles tribulaciones de Galileo y otros pensadores solo unas décadas atrás, Descartes supuso que el postulado del realismo material le permitiría a la ciencia continuar sus investigaciones con la mayor seguridad y la mínima interferencia de la Iglesia. Qué mejor que dejarle a la Iglesia ocuparse de ese otro ámbito: la mente, la conciencia, el espíritu individual, la moralidad, las reglas sociales, los rituales religiosos y cualquier otra cosa que se le antojara en lo que respecta a regular el comportamiento personal.

Y funcionó. La ciencia y la Iglesia tenían ahora sus feudos respectivos. La postura newtoniana-cartesiana sostenía que el cosmos es esencialmente una máquina gigantesca. En un principio, los científicos hacían alguna alusión solapada a la Deidad, pero en realidad concebían el mundo como una gigantesca partida de billar tridimensional y autosuficiente. Si se conocían la masa y la velocidad de cada objeto, se podían predecir con exactitud posiciones y comportamientos futuros, o incluso hacer una extrapolación en sentido inverso y saber dónde había estado todo anteriormente.

Algo similar propuso en el siglo siguiente el matemático francés Pierre-Simon Laplace, quien conjeturó que si alguien tenía inteligencia e información suficientes, podía saberlo todo sobre el universo con solo observar la posición actual y la trayectoria de todos los objetos. Todo estaba determinado por condiciones previas. No había más misterio que, quizá, la insignificante cuestión del origen absoluto. Ni siquiera Dios era necesario; y de hecho Laplace no hizo ni mención de ninguna deidad en sus escritos sobre mecánica celeste.*

---

* No hacía falta indicarlo, pero otro elemento del modelo de la física clásica era lo que Einstein más tarde llamaría localidad. Nada se mueve ni lo más mínimo a menos que actúen sobre ello un objeto cercano o algún tipo de fuerza. Einstein, como es bien sabido, demostró que la velocidad suprema, es decir, la velocidad de la luz, de 300.000 kilómetros por segundo, impone un límite a la rapidez con que algo puede afectar a cualquier otra cosa. Explicó que nada que contenga materia (es decir, que pese) puede alcanzar totalmente la velocidad de la luz, ya que su masa crecería hasta tal punto que incluso, por ejemplo, una pluma que viajara a velocidad escasamente menor que la de la luz llegaría a pesar más que una galaxia. La cantidad de fuerza que se necesitaría entonces para seguir acelerando una masa tan inmensa sería imposible de obtener: ¡superaría toda la energía del universo! Por difícil de creer que parezca, a la velocidad de la luz, un diminuto grano de mostaza crecería hasta superar el peso del cosmos entero. (Este cambio de «peso» que acompaña automáticamente a la velocidad forma parte de la primera teoría de la relatividad especial de Einstein de 1905. Se debe a que el movimiento siempre necesita energía, y masa y energía son, decía Einstein, las

Esta era la concepción de la realidad en los últimos años del siglo XIX y primeros del XX. Ambos cumplieron en líneas generales su parte del trato. La ciencia dejó tranquila a la religión e ignoró asimismo el tema de la conciencia. Y a la religión, la ciencia le parecía bien; al fin y al cabo, se ocupaba de explicar cómo se movían las cosas, y no invadía terrenos como el de intentar elucubrar por qué y cómo se originó el cosmos.

A medida que en el mundo occidental fue mejorando la calidad de vida y decreciendo, por consiguiente, el fervor religioso, el modelo del determinismo científico empezó a instaurarse como el nuevo evangelio. Se lo solía llamar *realismo científico*, y ¿quién hubiera osado oponerse a algo que llevara ese nombre? Había que estar loco para ser anticiencia y antirrealismo.

En suma, una gran mayoría consideraba que el universo era objetivo (poseedor de una existencia independiente del observador) y estaba hecho de materia (que incluía energía y campos), gobernado por el determinismo causal y limitado por la localidad. La conciencia o el observador, si es que llegaba siquiera a tenerse en cuenta, supuestamente formaba parte del cosmos físico basado en la materia y, sin saber bien cómo, había brotado de él. Que sus orígenes o su verdadera naturaleza resultaran inexplicables no parecía preocupar a nadie. Que quedaran unos cuantos misterios sin resolver parecía perfectamente compatible con el universo material.

Y el panorama seguiría siendo este, de no haber sido por la mecánica cuántica.

✳✳✳

dos caras de una misma moneda. Son equivalentes, como demuestra su famosa $E = mc2$, donde E es la energía y m es la masa del objeto. De modo que si aumentamos la energía inherente de un objeto acrecentando su velocidad, incrementaremos a la vez su masa equivalente). En el capítulo siete encontrarás explicaciones más detalladas de las implicaciones de la localidad.

Esta nueva rama de la física dio sus primeros pasos con bastante sigilo. No era mucho lo que no podía explicarse con la física clásica hasta los últimos años del siglo XIX, pero habían empezado a plantearse ciertos interrogantes. Algunos eran de lo más insólito. Por ejemplo, se entendía que una fogata y el Sol eran ambos fuegos abrasadores (el verdadero proceso de fusión nuclear por el que el Sol obtiene su energía no se explicaría hasta que Arthur Eddington publicó su trabajo en 1920). Ahora bien, si alguien se situaba demasiado cerca de una hoguera sosteniendo una salchicha o un malvavisco pinchados en un palo, llegaba un momento en que tenía que dar un paso atrás porque empezaba a sentir un doloroso ardor en la piel, mucho más insoportable sin duda que el que jamás le hubieran causado los rayos solares, ni siquiera a mediodía; y sin embargo, a pesar de la intensidad del calor, una fogata nunca ha bronceado a nadie. ¿Por qué? Era inexplicable.

Se sabía de la acción de los rayos ultravioleta (UV) desde que Johann Ritter los descubrió en 1801, y que esos fotones UV (bits de luz) procedentes del Sol son lo que produce el bronceado y las quemaduras solares. Pero ¿por qué no tenía el mismo efecto una fogata? La física clásica decía que los rayos UV debían de estar presentes en ella, y que si pasábamos suficiente tiempo a su lado acabaría por broncearnos. Pero nunca ocurrió.

La respuesta estaba relacionada con los electrones, que se descubrirían en 1897. Se pensó de inmediato que orbitaban alrededor del núcleo atómico igual que los planetas alrededor del Sol. Pero la realidad es esta: en 1900, Max Planck discurrió que los electrones podían absorber la energía de un ambiente cálido, y luego irradiarla de vuelta en forma de bits de luz que debían de incluir algún grado de luz ultravioleta. Pero si los electrones —a diferencia de los planetas, que pueden girar alrededor del Sol a cualquier distancia que se encuentren— solo podían orbitar su átomo en posiciones discretas específicas, únicamente absorbe-rían o emitirían cantidades específicas de energía, llamadas *cuantos*, porque se necesita una cantidad precisa o *cuanto* de energía para que un electrón se desplace una distancia específica. Si el medio no era lo bastante energético, los electrones solo podrían dar pequeños saltos, como los que se producen en los bordes exteriores del átomo; nunca serían capaces de dar un gran salto desde la órbita más interna hasta la inmediatamente superior, precisamente lo que se necesitaría para crear un fotón UV cuando el electrón descendiera nuevamente.

La idea de Planck, que pronto se conocería como el *postulado de Planck*, era que la energía electromagnética podía emitirse solo en determinados cuantos. Niels Bohr, el genial físico danés, no tardaría en confirmar que, de hecho, todos los átomos se comportan así. Es necesario que los átomos caigan de una órbita superior admisible a una más próxima al núcleo para emitir haces de luz, denominados fotones. Solo así nace la luz. Si un átomo no se estimula, sus electrones permanecen en órbitas estables, y no produce luz alguna.

El descenso brusco de energía al caer de la segunda órbita a la más interna, necesario para crear un fotón ultravioleta capaz de broncearnos, requiere el impulso de una energía inicial más potente que la que puede aportar una hoguera. La teoría cuántica —la idea de que los electrones solo pueden realizar determinados desplazamientos entre órbitas admisibles, y por tanto absorber o emitir solo cuantos específicos de energía— explicaba facetas de la naturaleza hasta entonces enigmáticas. Hasta aquí, todo en orden. Pero la extrañeza acechaba ya desde el armario. Según Bohr, un electrón no puede existir en ninguna posición intermedia exterior a una órbita admisible precisa; cada vez que cambie de posición, debe ir de una órbita específica a otra, y no estar nunca en ningún punto entre ambas. Y esto es lo extraño: cuando un electrón cambia de una órbita a otra, ¡no pasa por el espacio intermedio!

Imagínate que la Luna se comportara así. Solía estar mucho más cerca de la Tierra, y sigue alejándose a un ritmo de casi 5 centímetros al año; se va distanciando en espiral igual que un cohete ladeado. Y es que la física permite que nuestro satélite esté a cualquier distancia de nosotros. Ahora imagina que la Luna no se hubiera apartado de nosotros lo más mínimo durante millones de años, pero luego, en un instante, se desvaneciera de repente y volviera a materializarse en una nueva posición, 80.000 kilómetros más lejos. E imagina, además, que diera el salto en cero tiempo, sin atravesar ningún punto del espacio intermedio.

Bien, eso mismo hacen los electrones. No hace falta decir que este hallazgo tenía implicaciones insólitas e hizo tambalearse sin remedio los cimientos de la física clásica. Ahora bien, pese a su empeño, ni siquiera Planck consiguió comprender el significado de los cuantos de energía. «Mis fútiles intentos por integrar el cuanto elemental de acción en la teoría clásica [...] me costaron muchos esfuerzos», escribiría exasperado muchos años después. Finalmente, dejó de intentar encontrarle sentido lógico, o incluso de tratar de convencer a sus más obcecados opositores. «Una nueva verdad científica no triunfa porque consiga convencer a sus oponentes y les haga ver la luz, sino más bien porque sus oponentes mueren finalmente, y crece una nueva generación que está más familiarizada con ella», fueron sus proféticas palabras.

El problema es que a nadie le resultaba fácil familiarizarse con la mecánica cuántica porque eran constantes los nuevos hallazgos. Los físicos descubrieron que la luz, así como los bits de materia, no son solo partículas sino que son también ondas, y que existir como una o como otra depende del observador, lo que significa que ¡el método de observación determina cómo aparecen estos objetos! De hecho, ahí no acaba todo. Estas entidades pueden además existir en dos o más lugares a la vez, de un modo que podríamos llamar difuso y probabilístico. Se podría decir que los electrones que actúan como ondas son en realidad *paquetes* de ondas, y allí donde el paquete es más denso es donde un electrón individual tiene más probabilidades de materializarse como partícula. Pero también es posible que, por efecto de la observación, la partícula cobre existencia de repente en un lugar insospechado, como por ejemplo los bordes casi totalmente vacíos de ese paquete. Con el tiempo, una serie de observaciones mostrará cómo los electrones o bits de luz se materializan de acuerdo con las leyes de la probabilidad.

Esto significa que el electrón o fotón no goza de existencia independiente como objeto real en un sitio real y con un movimiento real, sino que existe solo como probabilidad, es decir, no existe en absoluto... hasta que es observado. ¿Y quién lo observa? Nosotros. Con nuestra conciencia.

De repente, la conciencia y el cosmos, que se habían separado en tiempos de Aristóteles, y cuyo divorcio habían ratificado con carácter al parecer aún más definitivo los credos cartesiano y newtoniano, puede que no sean entidades tan totalmente incomunicadas después de todo.

Lentamente, en las primeras décadas del siglo XX, la física clásica y el concepto de localidad, considerado de sentido común y verdad indiscutible, habían empezado a desmoronarse. Por extraño que pareciera, había cierto «movimiento» que se producía sin que el objeto penetrara ningún espacio ni necesitara del tiempo lo más mínimo.

La objetividad perdía fuerza también, ya que solo el observador hacía que estos diminutos objetos se materializaran. Se desvanecía asimismo el determinismo causal, pues no era nada palpable ni visible lo que hacía que estas entidades adoptaran una posición y no otra. Y en lo que respecta al «monismo físico», que hacía de la conciencia una simple descendiente aleatoria del cosmos material, se despertó su interés y fue reexaminado. De repente, parecía que la conciencia pudiera tener importancia sustancial en la realidad general del universo. No era para menos, cuando ahora se consideraba que la percepción consciente del observador determinaba lo que ocurría en el plano físico.

Y sin embargo, a pesar de la sucesión creciente de hallazgos a cuál más insólito que se observaron en la década de los años veinte, la verdadera extrañeza cuántica no había hecho más que empezar.

6

EL FINAL DEL TIEMPO

Deteneos, móviles esferas de los cielos,
cese el tiempo, y nunca llegue la medianoche.

Christopher Marlowe,
La trágica historia del doctor Fausto (1604)

Haber crecido viendo envejecer y morir a las personas queridas nos ha hecho asumir desde pequeños que una entidad externa, llamada *tiempo*, es la culpable del delito. Pero como acabamos de ver, muchas corrientes filosóficas y científicas dudan de la existencia del tiempo como nosotros lo concebimos. Debemos repetir que, aunque es cierto que observamos cambios, cambio no es lo mismo que tiempo.

¿Qué es, entonces, lo que experimentamos? Para poder observar el cambio, por ejemplo el movimiento de un punto a otro, debemos examinar el proceso, es decir, lo que de hecho está ocurriendo. El dilema es que medir con precisión la posición de cualquier cosa significa enfocarnos fijamente en un instante estático de su movimiento, como si fuera un fotograma aislado de una película. Y a la inversa, en cuanto observamos el movimiento, no podemos aislar un fotograma para estudiarlo detalladamente, ya que *el movimiento es la suma de muchos fotogramas*. Es decir, la nitidez en un parámetro induce la borrosidad en el otro.

Rindamos homenaje a Zenón e imaginemos una película de su flecha en vuelo. Podemos detener el proyector en un determinado fotograma, y esa pausa nos permite saber con gran precisión cuál es la posición de la flecha: ahí está, elevada a dos metros y medio del suelo del campo de tiro. Sin embargo, hemos perdido toda la información sobre su impulso. No está yendo a ninguna parte; su trayectoria es incierta.

Lo interesante es que, desde 1920, numerosos experimentos hayan confirmado que esa incertidumbre no es meramente debida a la falta de una tecnología lo bastante precisa, sino que la incertidumbre está integrada en la estructura de la realidad. Fue el físico alemán Werner Heisenberg quien expresó por primera vez en lenguaje matemático este hecho tan básico de la naturaleza, que hoy por supuesto se conoce universalmente como *principio de incertidumbre* de Heisenberg.

Empezó a quedar clara la verdad de este postulado cuando los científicos medían objetos como los electrones. Cuanto mayor era la precisión con que se podían determinar su dirección y velocidad (impulso), mayor era la vaguedad sobre dónde se encontraban en un instante dado (posición). Al principio, todo el mundo pensó que con el tiempo sería posible concretar tanto lo uno como lo otro con un alto grado de certidumbre; es decir, que la imposibilidad de medirlos ambos era debida a nuestra inmadurez tecnológica, y que pronto podríamos hacerlo mejor. Nunca fue así. Por eso, algo fascinante se hizo obvio, y es que un electrón no *tiene* una posición exacta y un movimiento exacto, sino que el acto de observarlo tiene como resultado que percibamos una característica o la otra, o bien tengamos una percepción vaga de ambas. El principio de incertidumbre pronto sería un concepto fundamental de la física cuántica.

Puede sonar fantasmagórico, pero la sensación de extrañeza desaparece por completo, y todo cobra sentido, cuando se contempla desde la perspectiva de la vida. Atendiendo al biocentrismo, el tiempo es el sentido íntimo que anima los fotogramas del mundo espacial. Recuerda que no podemos mirar a través del cráneo que envuelve al cerebro; todo lo que experimentamos en este instante, incluso nuestro cuerpo, es un torbellino de información que tiene lugar en nuestra mente. El espacio y el tiempo no son más que los instrumentos de que dispone la mente para ordenarlo y estructurarlo todo con facilidad.

Por tanto, ¿qué es real? Si la siguiente imagen es diferente de la anterior, sencillamente es diferente, y punto. Podemos adjudicarle al cambio la palabra *tiempo*, pero eso no significa que exista una matriz invisible en la que los cambios ocurren.

Contemplamos la vida sentados en el extremo de la paradoja que describía Zenón. Dado que un objeto no puede ocupar dos lugares al mismo tiempo, podemos resumir sus conclusiones en que una flecha está en un punto (y en ningún otro) durante cada instante de su trayectoria. Pero estar en un solo punto es estar en reposo, aunque sea momentáneamente, lo cual significa que la flecha debe de estar por tanto inmóvil en cada momento. Así que no es movimiento lo que está ocurriendo, no al menos si lo concebimos como un fenómeno basado en el tiempo.

De acuerdo, puede resultar confuso negar el movimiento sin más explicaciones. Lo que en realidad estamos diciendo es que el movimiento no es una característica del mundo espacial exterior, sino una concepción del pensamiento, y esto lo demuestra el hecho de que la mirada del observador afecte al movimiento del mundo «externo». Un experimento publicado en

1990, al que de hecho se ha llamado «efecto Zenón cuántico», muestra que, según el físico Peter Coveney, «el acto de mirar un átomo lo impide cambiar». (En los capítulos siguientes, veremos cómo se aplica esto realmente al mundo visible). Considerando que el espacio y el tiempo son formas de intuición animal, se trata de herramientas de la mente y por tanto no existen como objetos externos independientes de la vida. Cuando sentimos con tristeza que el tiempo haya pasado, como por ejemplo cuando muere un ser querido, lo que sentimos es la percepción humana del paso y la existencia del tiempo. Nuestros hijos se hacen mayores. Envejecemos. Para nosotros, eso es el tiempo. Y es solo nuestro.

Los nuevos experimentos realizados desde el año 2000, de los que hablaremos en el capítulo ocho, así lo confirman. Dan a entender que el «pasado» —la historia del cosmos, de la Tierra o de lo que fuere— no es una estatua inmóvil, sino que tiene lugar en el momento presente y *solo si hay un observador*.

De hecho, la mecánica cuántica sostiene que, en lo que respecta a los 10^{80} objetos subatómicos que constituyen el universo observable, ninguno tiene existencia real ni auténtico movimiento. Lo único que es real, insiste la teoría cuántica, son los sucesos *observados* que emergen de las difusas posibilidades que existen siempre.

Esto es tan importante que tenemos que ponernos los cinturones y comprender de verdad los experimentos que cambiaron la noción del tiempo y el espacio para siempre.

Lo que vamos a explicar ahora es ciencia, no especulación. Y respalda la nueva concepción del mundo tan inequívocamente que es esencial para que veamos por qué el biocentrismo no es pura filosofía ni especulación, sino que está fundamentado en la observación y la experimentación. Los conceptos físicos que siguen no son difíciles de entender, y hemos evitado las ecuaciones y la mayoría de los aspectos técnicos. De todos modos, aquellos que sintáis verdadera aversión por la ciencia, o que quizá no tengáis interés en entender por qué respalda la mecánica cuántica que la naturaleza y el observador son uno, no lo dudéis, podéis saltar tranquilamente al capítulo nueve.

✳✳✳

La teoría cuántica comenzó, como ya hemos visto, con el hallazgo de que en la tierra de lo diminuto –el ámbito que dicta en última instancia lo que sucede en la realidad macrocósmica y visible– las partículas no se comportan como exigiría la lógica. Muy pronto, sus defensores comprendieron que, para ser de utilidad, es decir, para poder predecir comportamientos en el universo físico, la teoría cuántica tenía que trabajar exclusivamente con probabilidades. Así que empezaron a ser comunes en el ámbito científico conceptos como el de los lugares probables en que las partículas podían aparecer y qué acciones probables realizarían (en lugar de hablar de sus posiciones y acciones definidas). Resultaba útil y apropiado para entender la naturaleza. No era demasiado desconcertante que las cosas fueran así a ciertos niveles; significaba simplemente que íbamos a tener que contentarnos con calcular la *probabilidad* de que las cosas ocurrieran.

Los aspectos verdaderamente extraños de la teoría cuántica empezaron a revelarse a raíz del experimento, ya famoso, de la doble rendija. Será una versión moderna de este experimento la que estudiaremos dentro de un instante. Pero antes, por si no leíste nuestro primer libro (o por si lo leíste pero te vendría bien un pequeño recordatorio), vamos a explicar los rudimentos de esta demostración ya clásica, llevada a cabo por primera vez hace más de un siglo y repetida luego en innumerables ocasiones. Fue este el experimento que mostró sin lugar a dudas que el observador influye íntimamente en lo que percibe.

Ocurrió cuando los científicos intentaban aún esclarecer la naturaleza de la luz. Isaac Newton había insistido en que la luz está hecha de partículas, pero otros investigadores dudaron muy pronto de que fuera así. A principios del siglo XIX, el científico británico Thomas Young, al hacer que un haz de luz atravesara una serie de agujeros situados a distancia variable entre sí, vio que esta disposición producía una peculiar serie de franjas. Esto demostró que la luz está compuesta de ondas, pues el patrón era repetidamente el de una serie alternante de interferencias destructivas y constructivas, que solo las ondas podían producir. (Los proyectiles o partículas jamás pueden eliminarse uno a otro, mientras que cuando la cresta de una onda se encuentra con el valle de la otra, ambas se anulan y desaparecen por entero).

Como consecuencia, durante casi un siglo la física decretó terminantemente que la luz está hecha de ondas. Sin embargo, en 1887, un curioso fenómeno que pronto se conocería con el nombre de efecto fotoeléctrico —cuya explicación, en 1905, le valdría a Einstein el Premio Nobel— reveló que, en condiciones diferentes, la luz actúa como si estuviera hecha de una serie de proyectiles o corpúsculos carentes de masa. La explicación que dio Einstein de la dicotomía onda-partícula fue de hecho uno de los impulsos iniciales para el desarrollo de la mecánica cuántica.

La primera versión moderna del experimento de la doble rendija la realizó en 1909 el físico británico Geoffrey Taylor. Empieza dirigiendo luz hacia una pared. (En la actualidad el experimento se puede llevar a cabo utilizando partículas subatómicas «sólidas», como electrones, o utilizando luz, pero en aquel tiempo solo era viable con luz). Antes de impactar en la pared, no obstante, la luz debe atravesar una barrera inicial en la que hay perforados dos agujeros (denominados rendija derecha e izquierda). Cada bit de luz tiene un 50% de probabilidades de pasar por la rendija derecha o por la izquierda.

Tanto si se proyecta una cascada de luz o un solo fotón indivisible cada vez, el resultado es el mismo. Al cabo de un rato, todos estos fotones disparados a modo de proyectil deberían, lógicamente, crear un patrón al caer preferentemente detrás de cada rendija, pues en la mayoría de los casos la trayectoria de la luz avanza más o menos en línea recta. Por lógica, deberíamos ver un grupo de impactos detrás de cada hendidura, como muestra la figura 6.1:

Figura 6.1. Los fotones o electrones atraviesan las rendijas y, lógicamente, deberían crear «impactos» detectables detrás de cada hendidura.

Pero no es eso lo que sucede, sino que obtenemos un extraño patrón semejante al de la figura 6.2:

Figura 6.2. En la realidad, se materializa un patrón de interferencia, que indica la presencia de ondas que interactúan entre sí. Es el patrón que aparece indefectiblemente incluso aunque se deje pasar por la ranura un solo fotón o electrón cada vez. ¿Cómo es posible? ¿En qué está interfiriendo ese solitario fotón o electrón?

Resulta que el patrón es exactamente lo que esperaríamos encontrar si la luz está hecha de ondas, no de partículas, pues las ondas colisionan e interfieren unas en otras, produciendo ondulaciones concéntricas. Si lanzamos dos piedras a un estanque al mismo tiempo, las ondas que producen se encuentran unas con otras y la nueva ola derivada de la colisión se eleva a mayor altura, o si la cresta de una ola se encuentra con el valle de la otra, se eliminan mutuamente y el agua queda plana en ese punto.

De modo que este resultado de un patrón de interferencia, que solo puede ser producido por ondas, mostró a los físicos de principios del siglo XX que la luz es una onda, o al menos actúa de esa manera cuando se realiza este experimento. Lo fascinante del caso es que cuando se utilizaban cuerpos físicos sólidos, como los electrones, el resultado que se obtenía era exactamente el mismo, y eso significa que ¡también las partículas sólidas tienen naturaleza de onda! Está claro por tanto que, desde el primer momento, el experimento de la doble rendija ofreció una información asombrosa sobre la naturaleza de la realidad. Por desgracia, o por suerte, este fue solo el aperitivo. Pocos imaginaban entonces que aquella auténtica extrañeza no era más que una pequeña muestra de lo que se avecinaba.

Vemos ocurrir la primera excentricidad cuando permitimos que vuele a través del aparato un solo fotón o electrón cada vez. Después de que lo hayan hecho un número significativo de ellos y se hayan detectado individualmente, aparece el mismo patrón de interferencia. Pero ¿cómo puede ser esto? ¿En qué interfiere cada uno de esos electrones o fotones? ¿Cómo es posible que obtengamos un patrón de interferencia cuando solo entra un único objeto indivisible cada vez?

Ni con ayuda de la lógica ni de la física clásica se ha encontrado hasta el momento ninguna respuesta plausible a por qué sucede esto. Al principio, se barajaron posibilidades insólitas: ¿podría ser que hubiera otros electrones o fotones «al lado» en un universo paralelo, remanentes de otro experimento en el que se hubiera hecho lo mismo? ¿Podría ser que sus electrones interfirieran en los nuestros? Esta explicación resulta tan inverosímil que muy pocos creen en esta posibilidad.

La interpretación habitual de por qué vemos un patrón de interferencia, algo que en la actualidad se acepta de forma casi generalizada, es que los fotones o electrones tienen dos opciones cuando se encuentran con la doble rendija, pero no existen de hecho como entidades reales ubicadas en un lugar real hasta que se los observa, y no se los observa hasta que impactan en la barrera de detección final. Por tanto, cuando llegan a las rendijas, ejercen su libertad probabilística de adoptar *ambas* opciones. Aunque los electrones y los fotones *reales* son indivisibles, y por tanto nunca se dividen, bajo ninguna circunstancia, el hecho es que no se convierten en electrones o fotones hasta que se los observa, y cuando llegan a las rendijas aún no se los ha observado.

Esto significa que hasta ese momento existen como «ondas da probabilidad» de un prefotón o preelectrón, y las leyes que los gobiernan son distintas. Lo que atraviesa la rendija no son entidades reales sino las meras probabilidades fantasmales: ¡cada onda de probabilidad de cada fotón individual interfiere consigo misma! Cuando ha pasado suficiente número de ellos, vemos el patrón general de interferencia porque todas las probabilidades se solidifican en entidades de hecho que impactan y son observadas... como ondas. Una onda de probabilidad (que realmente es imposible de visualizar) se puede concebir como la precursora de un fotón o un electrón, o como una tendencia a la existencia real de estos, pero que no llega a realizarse como dichas entidades a menos que se la observe. Es como si no existiera, y a la vez existe como la totalidad de las posibilidades.

Indudablemente es muy extraño, pero, al parecer, así es como funciona la realidad. Y este es solo el principio de la extrañeza cuántica. La teoría cuántica tiene un principio llamado complementariedad, que afirma que podemos observar que los objetos son una cosa o la otra, o que tienen una posición o una propiedad u otra, pero nunca las dos a la vez. Esto está relacionado nuevamente con el famoso principio de incertidumbre de Heisenberg, que sostiene que cuanto mayor sea la precisión con que determinamos un aspecto de cualquier objeto —como su posición, por ejemplo—, menos sabremos sobre su movimiento. Dependerá de lo que más nos interese en cada momento y del instrumental de medición que utilicemos. En realidad, explicaba Heisenberg, todas las probabilidades existen simultáneamente, hasta que una de ellas se materializa al ser observada.

Supongamos ahora que queremos saber por qué rendija ha pasado un electrón o un fotón en su trayectoria hacia la barrera. Es una pregunta que tiene bastante sentido, y es muy fácil averiguar la respuesta. Podemos emplear para ello luz polarizada, una luz cuyas ondas no están todas revueltas como es lo habitual, sino que vibran u horizontal o verticalmente. (También pueden rotar, e ir cambiando de orientación lentamente, pero vamos a simplificar las cosas todo lo posible y a dejar esa mutación por «polarización circular» para mejor ocasión). En la naturaleza la luz se polariza cuando se refleja. Por ejemplo, las gafas de sol evitan que nos deslumbre un cristal o la superficie del mar porque se les ha hecho un tratamiento que no permite el paso de la luz reflejada y polarizada; pero si inclinamos la cabeza, de repente aparecen los reflejos. Por eso, en nuestro experimento, cada lente polarizada está dispuesta en un ángulo que solo permite que atraviese la hendidura uno de los dos tipos de fotones, marcando eficazmente dichos bits de luz y permitiéndonos saber de ese modo qué trayectoria recorrió el fotón.

Cuando se emplea una mezcla de polarizaciones diversas, se obtiene el mismo resultado que antes. Sin embargo, nosotros vamos a determinar ahora qué rendija atraviesa cada fotón individual utilizando luz de polarización, bien «vertical» o bien «horizontal». Se han empleado muchas técnicas diferentes, pero da igual el método que usemos. Lo importante es que los instrumentos estén dispuestos de modo que nos permitan obtener información concreta sobre «por dónde» se dirige hacia el detector cada electrón o fotón, a través de qué hendidura.

Así que repetimos el experimento, disparando fotones a través de las rendijas de uno en uno; la única diferencia es que esta vez sabremos por qué rendija pasa cada fotón. Para obtener esa información, colocamos lentes polarizadas delante de cada hendidura (como muestra la figura 6.3) y proyectamos un haz de luz heterogéneo que contiene fotones con alineación tanto horizontal como vertical. Las lentes polarizadas actúan a la vez como marcadores y como puestos de peaje. Cada lente impide el paso de toda aquella luz que no sean los fotones con la polarización correcta. Es decir, si tenemos un polarizador «vertical» en la rendija derecha, sabemos entonces que solo los fotones polarizados verticalmente pueden atravesarla e impactar en la barrera final.

Figura 6.3. Las lentes polarizadas les permiten a los observadores determinar qué rendija atraviesa cada fotón. Misteriosamente, el hecho de que la mente de dichos científicos tenga este conocimiento hace que cada bit de luz pierda la libertad de tomar simultáneamente ambas trayectorias y lo obliga a materializarse en un objeto de hecho (un fotón) antes de entrar en las rendijas. Esto, a su vez, hace que se desvanezca el patrón de interferencia; en su lugar, ahora vemos simples impactos detrás de cada hendidura.

Al tener delante de la rendija derecha la lente orientada a una polarización y la rendija izquierda custodiada por la polarización opuesta, sabremos por cuál de ellas ha pasado cada fotón, ya que solo un fotón orientado longitudinalmente puede pasar por la lente derecha (vamos a suponer) y solo un fotón orientado transversalmente puede pasar por la izquierda. O sea, habremos obtenido información sobre su trayectoria.

Sorprendentemente, los *resultados* cambian por completo. A pesar de que sabemos que el detector de rendija que hemos utilizado no modifica en ningún sentido los fotones o electrones, ahora ya no obtenemos el patrón de interferencia que veíamos en la figura 6.2. Los resultados de repente han cambiado a lo que esperaríamos encontrar si los fotones fueran partículas: aparece en la pantalla una masa de impactos de «proyectil» detrás de cada rendija, como en la figura 6.1. El patrón de ondas, que mostraba interferencia, ha desaparecido.

Algo ha sucedido. Resulta que el mero acto de la medición, de querer conocer la trayectoria de cada fotón, ha destruido la libertad del fotón para permanecer difuso, indefinido y adoptar ambos caminos hasta llegar a la pantalla de detección.

Su probabilística *función de onda* debió de colapsarse ante nuestro instrumental de medición, porque en esta ocasión lo que hacemos básicamente es observar (obtener información) *antes* de que el fotón impacte en las rendijas, además de en la pantalla final. Su naturaleza de onda se disipó en cuanto cada fotón perdió su difuso estado probabilístico no del todo real. Pero ¿por qué habría elegido el fotón destruir su función de onda? ¿Cómo *sabía* que nosotros, el observador, podíamos averiguar qué rendija había atravesado? ¿Y por qué le importaba?

Todos los incontables intentos de resolverlo que hicieron las mentes más prodigiosas del siglo pasado fracasaron. Era nuestro *conocimiento* del camino que había elegido el fotón o el electrón lo que provocaba, por sí solo, que se convirtiera en una entidad definida antes que la vez anterior. Por supuesto, los físicos se preguntaban también si este inexplicable comportamiento podía ser debido a alguna interacción entre el detector de la trayectoria elegida, u otros instrumentos que se han empleado con este fin, y el fotón. Pero no es así. Se han construido detectores totalmente distintos, ninguno de los cuales perturbaba al fotón en modo alguno, y sin embargo siempre se pierde el patrón de interferencia, pues invariablemente el fotón observado cambia su naturaleza de onda por la de partícula. La conclusión final, a la que se ha llegado al cabo de muchos años, es que sencillamente no es posible obtener información sobre la dirección elegida *y*, a la vez, un patrón de interferencia causado por ondas de energía.

Este experimento ilustra que los fotones pueden existir como partícula, como ha de ser para que un fotón atraviese una sola rendija y no ambas, o como onda, que por su carácter difuso penetra ambas rendijas simultáneamente. Pero no se los puede ver siendo a la vez partícula *y* onda. Como decíamos, lo que destaca es que *dónde* observamos el fotón o el electrón es lo que hace que se convierta en una cosa o en otra. Y en caso de que tengas dudas sobre la fiabilidad de los detectores, debemos decir que cuando se utilizan en todos los demás contextos, incluidos los experimentos de la doble rendija en que no se intenta obtener información final sobre las trayectorias, las lentes polarizadas nunca afectan lo más mínimo a la creación de un patrón de interferencia.

No tenemos otra elección que aceptar que nuestra presencia como observadores, y cómo hacemos la observación, cambia físicamente lo que miramos. Aun así, necesitamos algo más convincente. Y lo tenemos, porque el instrumento que nos permite escalar de nivel en la demostración del hecho llegó con una de las realidades más insólitas de la teoría cuántica: el entrelazamiento de partículas.

7

UN INSÓLITO ÁMBITO DE GEMELOS ENTRELAZADOS

Las estrellas que ves en el cielo por la noche
están más cerca de lo que crees.

Doug Dillon,
Sliding Beneath the Surface [Deslizándose bajo la superficie] (2010)

¿Qué es lo más extraño, lo más misterioso de este universo fascinante?

Podría haber un sinfín de respuestas, pero una destaca entre todas. Parece anonadante, pese a ser ya de aceptación general entre los físicos. Para estudiarla, antes vamos a echar un vistazo rápido al enigmático ámbito descubierto en torno a la velocidad de la luz, que hasta hace poco parecía ser la velocidad límite absoluta del universo.

En 1905, Einstein dio sentido a una observación disparatada que habían hecho en las décadas anteriores Hendrik Lorents, George FitzGerald y otros. Todos se habían dado cuenta de que la luz viaja a velocidad constante, y comprendieron lo seriamente extraordinario que era esto. Significa que los fotones que emiten los faros de un coche que se acerca rápidamente impactan en nosotros a la velocidad inmutable de la luz, que es de 300.000

kilómetros por segundo, lo mismo que si el coche no se estuviera moviendo. O, por ejemplo, la órbita terrestre nos propulsa hacia la estrella Deneb en junio, pero nos alejamos de ella en diciembre, y sin embargo su luz actúa como si estuviéramos inmóviles y llega a nosotros siempre a la misma velocidad. Imagina que el viento actuara como esta constante y lo sintieras invariablemente como una suave brisa, lo mismo si estás quieto que si sacas el brazo por la ventanilla de un coche que viaja a gran velocidad o de un avión. Así pues, desde el primer instante, la luz hace una entrada extraña y de lo más singular.

Por supuesto, como ya hemos visto, está además la sutil cuestión de qué es la luz exactamente. En el capítulo anterior veíamos que, al final, la física decidió que podía ser una onda o una partícula, dependiendo del observador y del método de experimentación. Más tarde, en el actual modelo estándar de la física de partículas, se consideró que un fotón es una partícula mediadora, como una especie de mayordomo, que transporta la fuerza electromagnética de un lugar a otro.

Por tanto, ¿qué es exactamente la luz? Es una pregunta clara y sencilla, pero la respuesta es más bien confusa, ya que los bits de luz (los fotones) actúan de modo diferente dependiendo del método que utilicemos para detectarlos y analizarlos. Cuando se encuentra con un objeto, un fotón actúa como partícula, más o menos como un diminuto proyectil que contiene energía pero en realidad no pesa nada (esto suponiendo que pudiéramos detenerlo y pesarlo, lo cual es imposible). Su fuerza depende del color que tenga. Así, los fotones violetas son más energéticos que los rojos.

Si un fotón impacta contra un bit de metal, puede hacer saltar electrones despedidos, como haría un proyectil, y de un modo que solo puede conseguir una partícula. Sin embargo, mientras viaja alegremente entre un lugar y otro, probablemente sea mejor concebirlo como una onda de energía. De hecho, como dos ondas. Cada bit de luz es un «impulso» o «campo» magnético de energía que varía de intensidad a intervalos; y hacia él viaja en ángulos rectos otra onda o campo —un campo eléctrico—. Ambas ondas crean un solo fotón. Cada campo crea el siguiente, y por tanto esta entidad completa de doble onda se denomina onda *electromagnética*. Y por supuesto todo esto ocurre a su famosa e invariable velocidad de vértigo, tan fulminante que podría rodear la Tierra más de ocho veces seguidas en un solo segundo.

No hace mucho, fue noticia de primera plana que se había conseguido reducir drásticamente la velocidad de la luz. Siempre se había sabido que la luz se ralentiza automáticamente cuando atraviesa el aire, el agua u otros medios densos. La luz solar que entra por el cristal de tu ventana se decelera hasta llegar a unos 190.300 kilómetros por segundo, y luego instantáneamente se acelera de nuevo en cuanto lo ha atravesado. Cuando se trata de materiales auténticamente densos pero traslúcidos, en ciertas condiciones la luz puede casi detenerse. Recientemente se ha conseguido decelerar la velocidad de los fotones hasta los 61 kilómetros por hora. ¡Imagínatelo, una luz que ni siquiera alcanzaría la velocidad permitida en la autopista!

Fuera de un vacío, podemos disparar partículas a través de sustancias en las que dichas partículas superan fácilmente la velocidad de la luz. Como ejemplo de esto en la naturaleza, los electrones acelerados por campos magnéticos de altísima energía próximos a algunas estrellas masivas (es decir, el proceso sincrotrón) pueden lanzarse a través de una nebulosa hasta alcanzar en ese medio una velocidad mayor que la de la luz. Esto crea una preciosa onda de choque azulada, denominada radiación Cherenkov, cuando la partícula traspasa la «barrera de la luz». La luz es extraña, pero ¡es lo que hay! Mejor aceptarlo.

A pesar de todo, la soberanía de la luz en un vacío nunca se ha cuestionado seriamente. Hasta ahora. Retrocedamos al extraordinario mundo de la mecánica cuántica. Este ámbito, que hace que, en comparación, las aventuras de Alicia parezcan un insulso paseo por el parque, es un País de las Maravillas en el que hemos visto que las partículas pueden simultáneamente existir y no existir, para saltar luego súbitamente a la realidad en cuanto alguien les echa una mirada.

La noción de una especie de inseparabilidad existente en lo que al espacio y el tiempo se refiere fue objeto de estudio de John Bell en la década de los sesenta. Su idea era que las partículas, ya fueran de materia o de luz, no tienen realmente una existencia independiente salvo como una especie de entidad probabilística. (¿No consigues imaginarlo? No eres el único). El acto de la observación hace que esta función de onda simplemente probabilística se «colapse», y bruscamente el objeto se materializa como entidad de hecho en una localidad real. En pocas palabras, la idea clásica de que alrededor del núcleo de un átomo orbitan uno o más electrones que tienen cada uno existencia independiente en todo momento, en un lugar real y con un movimiento real, debemos descartarla. Deberíamos imaginarlos existiendo más bien en una especie de estado difuso denominado *superposición cuántica*, en el que prácticamente todo lo que podría suceder existe a algún nivel, listo para materializarse. En el instante en que se hace un experimento o una observación, el electrón deja atrás esa existencia probabilística y se manifiesta en la realidad física.

En virtud del *entrelazamiento cuántico*, dos partículas nacen juntas, por ejemplo cuando se proyecta una luz sobre ciertos cristales de cuarzo como el borato de betabario. Dentro del cristal, un energético fotón violeta procedente de un láser se convierte en dos fotones rojos, cada uno cargado con la mitad de la energía (dos veces la longitud de onda) del original, luego no hay ni pérdida ni ganancia netas. Los dos fotones salen despedidos, cada uno en una dirección diferente, pero secretamente comparten una función de onda. Si observamos uno de ellos, su función de onda y la de su gemelo se colapsan simultáneamente, sin importar cuál sea la distancia que medie entre ellos.

Incluso si los gemelos están separados por la mitad del diámetro del universo, dice la mecánica cuántica, observar a un gemelo hará que los dos se materialicen como entidades de hecho. Además, mostrarán características complementarias. En el caso de la luz, un fotón puede tener una orientación horizontal o vertical (polarización) de sus ondas; en el caso de un electrón, podría mostrar un giro hacia arriba (*up-spin*) o un giro hacia abajo (*down-spin*). Y cuando la «función potencial», o «función de onda», de los gemelos se colapsa y ambos dejan de ser objetos difusos, sin verdadera presencia real, para materializarse de repente como entidades reales, uno de los dos fotones o electrones tendrá un aspecto (por ejemplo, girará hacia arriba o hacia abajo, o se polarizará en sentido horizontal o vertical) mientras que su gemelo presentará siempre la propiedad opuesta, el atributo complementario.

Cuando se observa a cualquiera de los dos, lo más sorprendente de todo es que su gemelo «sabe» lo que le ha ocurrido a su doble (es decir, ha asumido de hecho existencia física como fotón o electrón) y asume al instante el papel complementario, incluso aunque se encuentre en una galaxia distinta. Durante este proceso, no transcurrirá ni la más mínima unidad de tiempo, por muy alejados que estén entre sí. Es como si no hubiera absolutamente ningún espacio intermedio. Son básicamente las dos caras de una misma moneda, luego entre ellos no existe distancia, incluso aunque para nosotros sea la mitad de la extensión del cosmos.

Einstein detestaba la idea porque él creía en la localidad, en que un objeto solo puede recibir el impacto de algo que esté en sus proximidades. La hoja de un árbol de Brooklyn se agitaría por efecto de una ráfaga de viento que soplara en las inmediaciones, pero no acusaría instantáneamente el efecto de las turbulencias generadas por una enérgica revuelta campesina en un planeta alienígena de la galaxia de Andrómeda.

En 1935, Einstein y dos colegas, Boris Podolsky y Nathan Rosen, escribieron el famoso ensayo en el que trataban este aspecto de la teoría cuántica. Tras examinar la predicción de que dos partículas que se crean juntas –partículas entrelazadas– misteriosamente saben cada una de ellas lo que está haciendo la otra, estos tres físicos argumentaron que, de observarse algún comportamiento paralelo entre ellas, debía de ser a causa de efectos circunstanciales que, de un modo u otro, contaminaran el experimento, y no de una supuesta «acción fantasmagórica a distancia». El ensayo gozó de tal aceptación que, a partir de su aparición, todas aquellas excentricidades cuánticas sobre partículas sincronizadas empezaron a conocerse como «correlaciones EPR», por las iniciales del apellido de cada uno de sus autores, y la expresión «acción fantasmagórica» se utilizaría hasta la saciedad en sentido peyorativo y burlón para aludir a la ridícula idea de que, en cierto nivel fundamental, pudiera no haber espacio entre objetos o lapso de tiempo entre sucesos.

Era mucho lo que dependía de esto. Se trataba de un momento crucial, en el que las alternativas eran o aferrarse al determinismo de la física clásica y aceptar la localidad, como se empeñó en hacer Einstein, o adentrarse en los extraños y difusos callejones cuánticos que, irónicamente, él mismo había contribuido a crear en 1905 con su explicación del efecto fotoeléctrico.

El realismo materialista (una denominación más de esta perspectiva clásica) sostiene que los objetos físicos son reales independientemente de que haya o no un observador. No solo eso, sino que, a menos que estén en contacto entre sí o emitan algo (fotones, por ejemplo) capaz de crear una unión entre ellos, o estén al menos bajo algún tipo de influencia común (un campo eléctrico, magnético o gravitatorio), los objetos individuales no pueden influirse mutuamente. Y es cierto que no pueden hacerlo, si se encuentran tan separados que la energía electromagnética no tiene tiempo de llegar de uno al otro.

En lo que respecta a una influencia instantánea, sin que medie tiempo alguno, o a la influencia que actúa como si no hubiera ningún espacio intermedio entre los objetos..., imposible, dijeron Einstein y sus colegas. En resumidas cuentas, la localidad es lo que impera.

La postura opuesta en aquel tiempo, adoptada por físicos como Niels Bohr, luego Paul Dirac y más tarde John Wheeler, argumenta que los objetos pueden estar *entrelazados*, o conectados de un modo que los hace esencialmente inseparables. Así, observar uno de los objetos, o medirlo (que es lo mismo), afecta al otro en tiempo real. No importa lo alejados que estén entre sí; es como si no existiera ni tiempo ni espacio. Es más, el «colapso de la función de onda» de uno de ellos, debido al cual el objeto pasa de la no existencia o mero potencial probabilístico a concretarse como objeto de hecho, tiene el mismo efecto en el otro..., como si el observador y ambos objetos estuvieran juntos en el mismo lugar al mismo tiempo.

Imposible, insistía Einstein. Todo el castillo de naipes —el universo objetivo, la independencia de la materia respecto de la conciencia, la creencia en la localidad, el realismo materialista de la física clásica entero— pendía de esta cuestión, y él no estaba dispuesto a intercambiar un cosmos gobernado por la lógica y por una preciosa maquinaria semejante a una mesa de billar por uno donde, en palabras suyas, las cosas se materializaran solo probabilísticamente. De ahí su famosa y desdeñosa frase «Dios no juega a los dados». Einstein no podía aceptar que algo pudiera simplemente existir de repente y dejar de existir sin más fundamento que una mera probabilidad u observación, ¡menos aún si el observador no tenía ningún contacto con el objeto, sino que simplemente quería obtener información acerca de él!

En otras palabras, si estas correlaciones EPR eran lo que parecían ser, significaba que los objetos entrelazados no solo no tienen ningún contacto entre sí (lo cual echa por tierra la localidad), sino que el observador cuya percepción consciente hace que los sucesos se produzcan debe de manifestar una conciencia que sea asimismo no local, y capaz por tanto de una «acción fantasmagórica a distancia». Como dijo Erwin Schrödinger en 1935: «Es motivo de desasosiego que la teoría cuántica permita que [un par de objetos] se inclinen o dirijan hacia uno u otro estado totalmente a merced del experimentador, y a pesar de que [el observador] no tenga ningún acceso a él».

Debemos recalcar una vez más que, en la física clásica, los objetos o bits de luz tienen propiedades definidas, por ejemplo una existencia en un lugar concreto. Además, poseen movimiento o rotación reales alrededor de un eje que apunta en alguna dirección, o polarización; estos son los objetos que llenan el universo, y estas su características, independientes de la medición que hagamos o la percepción que tengamos de dichos objetos. Y es en lo que, repito, creía Einstein.

La teoría cuántica, por el contrario, insiste en que nada tiene ni localidad, ni impulso, ni espín, ni polarización a menos que lo midamos. Por eso dijo el famoso físico John Wheeler:

«Ningún fenómeno es un fenómeno real hasta que es un fenómeno observado».

Diversos experimentos recientes (como veremos en el capítulo nueve) han puesto de manifiesto que Einstein estaba equivocado. Es importante que entendamos exactamente por qué lo sabemos y cómo se han llevado a cabo esas demostraciones, para que no nos quedemos con la idea de que la cuestión está todavía en el aire. También es primordial que no le atribuyamos a la teoría cuántica poderes o nociones que no le son propios, como los que se ven en algunas películas ya célebres, por ejemplo la idea de que dicha teoría postula que podemos controlar individualmente el futuro, lo cual es absolutamente falso. La teoría cuántica ya es bastante rara de por sí, como para otorgarle ficticios atributos adicionales.

Debemos mencionar también, hablando de los gemelos entrelazados y su intercambio instantáneo de conocimientos a través del espacio-tiempo, que Einstein nunca concibió el espacio-tiempo como algún tipo de sistema de coordenadas físico y absoluto, como si se tratara de un papel cuadriculado tridimensional que se extendiera a través del espacio. Por el contrario, creó el concepto como medio para entender desde un punto de vista matemático cómo percibirían el paso del tiempo, la longitud de los objetos o las distancias medidas diversos observadores con marcos de referencia distintos (que se muevan a velocidad o experimenten campos gravitatorios relativamente diferentes). Utilizando las ecuaciones de campo de la relatividad general, quedaban resueltas las contradicciones y paradojas entre los observadores. Dichas ecuaciones revelaban cómo mediría la distancia, la masa o el tiempo cada observador.

Como consecuencia, las ecuaciones de Einstein despojaban al espacio y al tiempo de su carácter de inviolabilidad: la distancia entre un objeto y cualquier otra cosa ya no era absoluta. Ya no tenía por qué ser igual un intervalo de tiempo para todos los observadores estuvieran donde estuviesen, sino que era posible que para uno de ellos transcurriera un solo segundo ¡mientras simultáneamente transcurrían mil años para otro! Por lo tanto, pese a la noción generalizada e incorrecta de que el tiempo y el espacio son entidades de hecho, y a los capítulos de este libro dedicados a desmentirlo, en realidad Einstein lo desmintió ya hace más de un siglo.

Y, solo como recordatorio, despojar al espacio y al tiempo de su naturaleza de «constantes» o realidades absolutas deja sin base ni fundamento a las concepciones comunes de la realidad, en las que un universo físico dominado por objetos que flotan en el espacio se creó en un momento específico e inviolable del tiempo y continúa existiendo en un contexto de base temporal.

8

EL MUNDO CUÁNTICO MODERNO

Acción fantasmagórica a distancia
(«Spooky Action at a Distance»)

Iron Chic,
título de una canción (2013)

E n 1997, un investigador de Ginebra llamado Nicolas Gisin creó pares de fotones entrelazados y los envió volando en direcciones distintas a lo largo de unas fibras ópticas. Cuando uno de los fotones se encontraba con los espejos del investigador y se veía obligado a elegir al azar si tomar un camino u otro, su gemelo entrelazado, que se hallaba a unos once kilómetros de distancia, actuaba siempre instantáneamente al unísono e invariablemente tomaba la opción complementaria.

Instantáneamente es aquí la palabra clave. La reacción del gemelo no se demoraba la cantidad de tiempo que hubiera tardado la luz en recorrer esos once kilómetros; se producía al menos once mil veces más rápido, el valor límite evaluable con el experimento. El comportamiento reflejado era presumiblemente simultáneo. De hecho, la teoría cuántica predice que una partícula entrelazada sabe lo que está haciendo su gemela e imita su acción al instante, aun cuando se hallen en galaxias distintas, separadas una de otra por miles de millones de años luz.

Es algo tan estrambótico, con implicaciones tan enormes, que algunos físicos se sumieron en una frenética búsqueda de deficiencias o lagunas. Pero en el 2001, David Wineland, investigador del Instituto Nacional de Normas y Tecnología de Estados Unidos, eliminó una de las principales críticas expresadas por aquellos que pensaban que los experimentos anteriores no habían detectado suficientes eventos de las partículas (y que, debido a ello, los resultados habrían sido tendenciosos, pues por algún motivo los observadores habrían observado preferentemente solo aquellas parejas que actuaban al unísono).

Wineland no utilizó luz, sino objetos sólidos masivos —iones de berilio—, y el instrumental que empleó tenía una capacidad de detección fiable muy alta. Fue capaz de observar un porcentaje de eventos sincronizados lo bastante significativo como para zanjar la cuestión. De modo que este comportamiento fantástico es un hecho. Es real. Pero ¿cómo puede un objeto material dictar instantáneamente el modo en que debe actuar o existir otro estando separados por distancias enormes? Pocos físicos piensan que el responsable de ello sea una fuerza o interacción hasta ahora inimaginable. Para entenderlo, uno de los autores de este libro le preguntó personalmente a Wineland lo que pensaba, y él expresó una conclusión más aceptada cada día: «Es real que se produce una especie de acción fantasmagórica a distancia». Por supuesto, todos sabemos que esto no aclara nada.

Pero ahí está: al parecer, las partículas y fotones —materia y energía— se transmiten conocimientos instantáneamente a través del universo entero. La velocidad a la que viaja la luz ya no es el límite. Y esta es una noticia de gran trascendencia, puesto que la relatividad de Einstein sostenía, y así lo confirmaron todos los experimentos del pasado siglo, que nada puede viajar más rápido que la luz. Nada que tuviera ni el más leve peso o masa, ni siquiera una vaharada de humo de incienso, podía acelerarse hasta alcanzar la velocidad de la luz, fuera cual fuese la fuerza de propulsión. Y en cuanto a las entidades carentes de peso, como las hipotéticas ondas de gravedad o los fotones, era imposible que superaran la velocidad de la luz. Así que esta noción cuántica, si eso es lo que es, de que un objeto «responde» a la situación de otro en cero tiempo, es decir, a una velocidad infinitamente rápida, es pasmosa. Algunos físicos opinan que esto no viola el límite de velocidad que postula la relatividad, esto es, la velocidad de la luz, argumentando que nosotros no podemos enviar información más rápido de lo que viaja la luz porque la información de la partícula «remitente» está regida por el azar, y por tanto no es controlable. Otros piensan que esto no es más que una evasiva, que el carácter de límite absoluto atribuido a la velocidad de la luz se ha superado y que tenemos que aceptarlo y seguir adelante. En cualquier caso, es difícil saber en qué consiste dicha información. Lo que sabemos es que *algo* se está transmitiendo instantáneamente.

Teniendo esto presente, volvamos al experimento de la doble rendija que explicábamos en el capítulo seis, pero esta vez utilizaremos fotones entrelazados o bits de materia sólida entrelazados. Recuerda que una de las cláusulas de escape más comunes que se oyen respecto a toda esta cuestión de la doble rendija es que los aparatos de medición utilizados influyen en los fotones o electrones y los alteran, luego no son solo nuestra mente y su conocimiento los que cambian físicamente los resultados. Pero esta objeción se ha despachado repetida y eficazmente.

Por ejemplo, en el 2007, la revista *Scientific American* publicó un experimento en el que, para obtener la información sobre la dirección adoptada (averiguar qué rendija atraviesa cada fotón o electrón), se empleaban lentes polarizadas situadas delante de cada rendija con los ejes en ángulo recto uno de otro. Como veíamos en el capítulo seis, esto permite que un haz de luz que contenga polarizaciones mezcladas se divida en sus constituyentes, dándonos la posibilidad de saber por qué rendija penetró cada fotón. Como era de esperar, el patrón de interferencia desapareció, igual que en la figura 8.1. Recuerda que, en cuanto podemos saber qué hendidura ha atravesado cada fotón, toda evidencia de ondas que impacten en la pantalla de fondo desaparece y el patrón muestra, por el contrario, impactos separados discretos.

Figura 8.1

Pero ¿es posible que los filtros polarizadores fueran los causantes de que la naturaleza de onda de esa luz se desvaneciera?... Podría suceder que los filtros afectasen a la luz, y nosotros los observadores no pintásemos nada en todo esto. ¡Ni hablar! Al introducir delante de la pantalla un polarizador diferente con un eje de 45° en relación con ambas rendijas, se «borra» toda la información útil sobre la polarización, pues ahora una serie indiscriminada de fotones atraviesa ambas hendiduras y no sabemos nada sobre la dirección de cada uno. En cuanto se inserta este filtro «encriptador», el patrón de interferencia reaparece, y su aspecto ahora es idéntico al que vemos cuando no hacemos ninguna medición en absoluto para intentar averiguar el camino adoptado, como en la figura 8.2.

Figura 8.2

Los experimentos que utilizan luz son algo más fáciles de realizar. Las partículas «sólidas» suponen una complejidad mayor, sobre todo cuando únicamente se permite que pase por el aparato un objeto cada vez. El primer experimento del que se tuvo noticia que trabajara con un solo electrón y utilizara una doble rendija real fue el que realizaron Giulio Pozzi y sus colegas en el 2008. El equipo italiano de investigadores hizo también el experimento con una rendija tapada, lo cual, como era de esperar, no creó un patrón de difracción por doble rendija. Hasta el 2012, el equipo no consiguió llevar a cabo un experimento en el que las llegadas de los electrones individuales procedentes de la doble rendija quedaran registradas de una en una. Lo que nos importa saber de todo esto es simplemente que, en la actualidad, la ciencia ha confirmado plenamente todas estas conclusiones sobre la doble rendija utilizando no solo bits de luz, sino también bits de materia.

Aun así, los experimentos de doble rendija más asombrosos no empezaron a fascinar al mundo hasta finales del siglo XX, cuando se comenzó a utilizar el entrelazamiento de partículas. Así que ahora vamos a usar un aparato que dispara gemelos entrelazados en diferentes direcciones, empleando el cristal de borato de betabario, un generador de fotones entrelazados. Los experimentadores envían dichos fotones entrelazados en direcciones distintas. Nosotros llamaremos a esas direcciones de su trayectoria A y B.

Vamos a montar el experimento original, en el que medimos la información sobre la dirección adoptada utilizando filtros de polarización, solo que ahora añadimos un «contador de coincidencias», que tiene un solo propósito: encenderlo o apagarlo nos permite o impide, en cada caso, obtener información, al tiempo que el instrumento está totalmente separado de los fotones que viajan a través del aparato de la doble rendija. Tiene un funcionamiento sencillo. Su sistema de circuitos bloquea toda la información sobre cada fotón en la pantalla A, y por tanto la información sobre «por qué rendija» pasa, a menos que su fotón gemelo entrelazado impacte también en la pantalla B más o menos a la vez.

Hagamos un repaso. Hemos visto repetidamente que en el momento en que podemos obtener información sobre el camino que toma cada fotón —y los filtros de polarización nos permiten hacerlo porque cada lente deja pasar únicamente ondas de luz u horizontales o verticales—, el patrón que aparece en la pantalla final cambia drásticamente, revelando que los fotones han cambiado de onda a partícula.

En la versión del experimento que utiliza el contador de coincidencias, los fotones gemelos (A y B) siguen caminos separados en dirección a las dos pantallas (A y B), pero hay un solo aparato de doble rendija, en el camino del fotón A, mientras que el fotón B viaja directamente hacia la pantalla B. Solo cuando ambas pantallas registran impactos aproximadamente al mismo tiempo, sabemos que ambos gemelos han completado su viaje. El contador de coincidencias señala que los dos fotones han sido detectados, y solo entonces se registra algo en nuestro instrumental (figura 8.3).

Si hacemos esto mismo sin colocar ninguna lente de polarización para medir las trayectorias, el patrón resultante en la pantalla A es nuestro conocido patrón de interferencia, que veíamos en la figura 8.2. Es lógico que sea así. No hemos obtenido información sobre qué rendija ha atravesado ningún fotón en concreto, de modo que han permanecido como ondas de probabilidad hasta impactar en la pantalla final.

Ahora vamos a volver a colocar delante de cada rendija las lentes polarizadas, que nos darán información sobre los fotones que viajen por la trayectoria A. Como es de esperar, el patrón de interferencia se desvanece al instante, y lo reemplaza el patrón de partícula, como en la figura 8.1.

Hasta aquí, todo en orden. Pero vamos a complicar un poco las cosas. Eliminaremos la posibilidad de conocer la trayectoria de los fotones A *sin interferir físicamente en ellos en modo alguno*. Incluso dejaremos las lentes polarizadas donde están; simplemente, apagaremos el contador de coincidencias. Dado que en este caso el contador de coincidencias es esencial para obtener información acerca de la compleción de los viajes de los gemelos, ahora nos va a ser del todo imposible averiguar nada sobre la trayectoria de cada uno. Ninguno de los instrumentos de que disponemos nos permitirá saber qué rendija atraviesan los fotones individuales cuando siguen la trayectoria *A*, ya que no podremos compararlos con sus gemelos, puesto que nada queda registrado a menos que el contador de coincidencias lo permita. Y que quede claro: hemos dejado donde estaban los instrumentos que detectan la rendija que atraviesan los fotones *A*; lo único que hemos eliminado es la posibilidad de conocer su trayectoria. (Recordemos que los aparatos que hemos dispuesto nos dan información —registran los «impactos»— solo cuando los fotones *A* se registran en la pantalla *A* y el contador de coincidencias nos dice que el viaje completado de los gemelos se ha registrado simultáneamente en la pantalla *B*. Si apagamos el contador de coincidencias, no se registra ninguna información).

Figura 8.3. Añadir un contador de coincidencias o bien nos permite conocer el resultado del experimento o bien encripta los datos antes de que podamos saber nada, sin enredar con el resto de los aparatos en modo alguno. La distancia móvil hasta la pantalla *A* (arriba) nos permite abrir una nueva línea de indagación: si reducimos la distancia hasta la pantalla, y por tanto el tiempo que necesitan las fotones *A* para llegar hasta ella, podemos saber qué sucede cuando los fotones *B* completan el viaje hasta su propia pantalla (abajo) después de que los fotones *A* hayan terminado el suyo. Los resultados indican que el tiempo no es una realidad en el mundo cuántico.

El resultado: vuelve a haber ondas. El patrón de interferencia aparece de nuevo. Los lugares físicos en los que han impactado en la pantalla los fotones que han seguido el camino *A* ahora han cambiado. Sin embargo, desde que fueron creados en el generador hasta que han llegado finalmente a la pantalla, no hemos interferido de ningún modo en su trayectoria. Hemos dejado tal como estaba incluso el instrumento medidor de rendijas; nuestra única intromisión ha sido eliminar la posibilidad de obtener información por medio del contador de coincidencias. El único cambio ha estado en nuestra mente.

¿Cómo es posible que los fotones que tomaron la trayectoria *A* supieran que habíamos desconectado una parte del instrumental situada en otro sitio, lejos de su camino? La teoría cuántica explica que obtendríamos el mismo resultado aunque colocáramos eso que imposibilita la obtención de información (el contador de coincidencias apagado) en el otro extremo del universo.

Por cierto, esto demuestra también algo fundamental, y es que no eran los aparatos de medición de rendijas —los filtros polarizadores en sí y de por sí— los que hacían que los fotones se transformaran de ondas en partículas, alterando con ello los puntos de impacto en la pantalla *A*. Ahora obtenemos un patrón de interferencia incluso cuando están en su posición (pero cuando el contador de coincidencias está apagado). Es el hecho de que sepamos sobre ellos lo que parece importarles a los fotones y los electrones. Es esto exclusivamente lo que influye en su acción.

Suena descabellado. Y sin embargo, son estos los resultados que aparecen cada vez que se lleva a cabo el experimento, no falla; y esos resultados nos dan a entender que la mente del observador determina el comportamiento físico de los objetos externos.

¿Podría ser *todavía más* extraño? Prepárate. Hasta ahora, el experimento ha consistido en eliminar la posibilidad de obtener información desconectando el contador de coincidencias. Ahora vamos a intentar algo aún más radical, un experimento realizado por primera vez en el 2002. Primero pondremos la pantalla *A* en un raíl para poder reducir la distancia que recorren los fotones *A* antes de ser detectados, con lo cual tardarán menos en impactar en ella. De este modo, los fotones que tomen la trayectoria *B* impactarán en la pantalla *B* después de que los fotones *A* hayan terminado su viaje. (El contador de coincidencias está encendido, luego los datos se van registrando).

Sin embargo, sorprendentemente, los resultados no cambian. Cuando insertamos las lentes de detección de rendija en la trayectoria *A*, el patrón de interferencia desaparece, a pesar de que la posibilidad de contabilizar las coincidencias, que nos permite determinar la dirección que han seguido los fotones *A*, no ocurrirá hasta más tarde. Pero ¿cómo puede ser esto? Los fotones que han tomado el camino *A* ya han completado su viaje. Bien atravesaron una rendija o la otra o bien las dos. Bien se colapsó su función de onda y se convirtieron en partícula o bien no. Final de la partida; la acción ha concluido. Cada uno de ellos ha impactado en la barrera final y ha sido detectado... antes de que su gemelo *B* terminara el viaje y activara el contador de coincidencias que nos ofrecería información útil sobre el recorrido.

Los fotones, misteriosamente, saben si obtendremos o no la información *en el futuro*. Misteriosamente, el fotón *A* distingue si la información sobre su trayectoria estará presente en algún momento. Sabe cuándo puede estar presente su comportamiento de interferencia, cuándo puede viajar seguro a través de ambas rendijas mientras conserva su difusa realidad fantasmal o cuándo no puede... porque aparentemente sabe si el fotón *B*, en algún lugar distante, impactará o no en algún momento en su pantalla y activará el contador de coincidencias que finalmente nos dará una información útil.

Da igual la forma en que organicemos el experimento. Nuestra mente y su conocimiento o la falta de él es *lo único* que determina cómo se comportan estos bits de luz o de materia.

Estos resultados coinciden con lo que había anunciado el aclamado físico John Wheeler ya en la década de los setenta. Al comprender el verdadero significado del trabajo matemático de John Bell relacionado con el colapso de la función de onda, llegó a la conclusión de que solo el observador determina la realidad; sin él, la realidad no existe. El artículo que publicó Wheeler en 1978 titulado «The "Past" and the "Delayed-Choice" Double slit experiment» [El "pasado" y la "elección retardada" en el experimento de la doble rendija] fue la inspiración para los experimentos recién descritos al cabo de un cuarto de siglo.

Como explicó Wheeler en aquel momento:

En el nivel cuántico, la naturaleza no es una máquina que sigue inexorable su camino. Por el contrario, la respuesta que obtengamos depende de la pregunta que planteemos, el experimento que organicemos, el instrumental de medición que elijamos. Participamos ineludiblemente en hacer que suceda eso que aparentemente está sucediendo.

Para poner un ejemplo, ideó un experimento mental fascinante. Valiéndose del hecho de que una masa o gravedad muy fuertes comban el espacio-tiempo, imaginó una pequeña y distante fuente de luz, como podría ser un cuásar, cuyos bits de luz tuvieran que atravesar las inmediaciones de una galaxia inmensa para llegar hasta nuestros ojos. Si los cálculos geométricos son correctos —si el cuásar distante, la gran galaxia intermedia y nuestra Tierra están perfectamente en línea recta—, la trayectoria de cada fotón se arqueará para pasar o por encima o por debajo de esa galaxia. Al fotón le es imposible atravesar en línea recta la galaxia porque la masa de esta ha alterado la geometría real del espacio-tiempo, y a consecuencia de ello la «autopista» más rápida para llegar del cuásar a la Tierra no es ya una línea aparentemente recta. Luego continuará viajando miles de millones de años, o más, antes de llegar a nuestros telescopios aquí en la Tierra (figura 8.4).

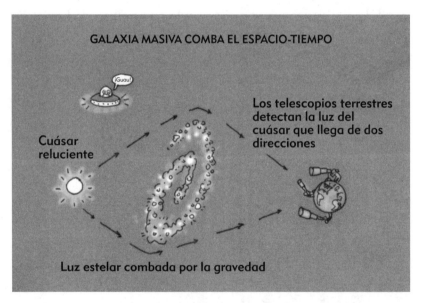

Figura 8.4. Nuestra observación actual determina qué trayectoria siguió un fotón para atravesar el espacio desde un cuásar distante hace miles de millones de años.

Si tuvieran un 50% de probabilidades de tomar una ruta u otra, ¿qué camino habría seguido cada fotón? La conclusión a la que llegó Wheeler es que el suceso, de hace miles de millones de años, no ocurrió en realidad hasta que nosotros lo observamos hoy. Solo ahora pasará un fotón en concreto por encima o por debajo de la galaxia situada en primer plano hace miles de millones de años. En otras palabras, el pasado no es algo que irrevocablemente ya ha ocurrido, sino que sucesos de hace mucho tiempo dependen del observador presente. Hasta que se observan en este momento, los sucesos no tuvieron lugar realmente, sino que permanecieron en un difuso estado probabilístico, listos para convertirse en un evento «pasado» real solo gracias a nuestra observación actual. Esta posibilidad asombrosa se denomina *retrocausalidad*.

Parece imposible, pero ya se están llevando a cabo experimentos que estudian la naturaleza, bien de onda o bien de partícula, de la luz procedente de un cuásar remoto, y los resultados hasta el momento son alentadores.

Aunque la *retrocausalidad* sigue siendo objeto de investigación, la naturaleza instantánea de los sucesos cuánticos ya no deja lugar a dudas. Es más, aunque hay quien piensa que este comportamiento está limitado al campo cuántico, la hipótesis de los «dos mundos» (es decir, de que hay una serie de leyes que rigen los objetos cuánticos y otra, el resto del universo, nosotros incluidos) se está investigando en laboratorios a lo largo y ancho del planeta. En el 2011, varios investigadores publicaron un estudio en la revista *Nature* en el que sugerían que el comportamiento cuántico se extiende al ámbito de lo cotidiano. De hecho, la propia teoría cuántica postula que los efectos deberían extenderse plenamente al mundo macroscópico de nuestro día a día.

En el número de octubre del 2010 de la revista *Scientific American*, dos físicos teóricos, Stephen Hawking y Leonard Mlodinow, aseguraban que «es imposible eliminar al observador —nosotros— de nuestras percepciones del mundo [...] En la física clásica, se da por sentado que el pasado existe y consiste en una serie de sucesos definidos, pero atendiendo a la física cuántica, el pasado, al igual que el futuro, es indefinido y existe solo como espectro de posibilidades».

Es sorprendente que la ruptura con la física clásica siga siendo relativamente desconocida para el público, aun cuando la mayoría de la gente tiene la idea de que la teoría cuántica es sinónimo de extrañeza.

¿Cómo visualizar la forma en que suceden las cosas? Si un objeto físico —un átomo, un fotón o incluso una molécula— puede «colapsarse» y, de ser una mera probabilidad, pasar a ser un objeto real, y simultáneamente su gemelo lo sabe y asume las propiedades complementarias, incluso aunque se encuentre en el lado opuesto del universo, ¿cómo podemos hacernos una representación mental de los mecanismos que operan? Quizá lo mejor sea suponer que otro ámbito impregna la realidad, un ámbito existente fuera del espacio-tiempo en el que los planetas orbitan alrededor de las estrellas.

Por tanto, cuando Einstein se burló de ello llamándolo «acción fantasmagórica a distancia», no fue una reacción tan exagerada a lo que parecía suceder. Indudablemente, es un ámbito fantasmagórico. Los físicos denominan a cualquier comunicación entre objetos distantes que no emplee señal de ningún tipo «correlación no local». También hay quienes piensan que esa misteriosa comunicación significa que los gemelos representan las dos caras de la misma moneda... ¡Como si esto nos sirviera de explicación!

Lo que en realidad significa es que hay una realidad subyacente que conecta todo el contenido del universo. En ella, no existe separación entre una cosa y otra. Y sin embargo, este ámbito crea sucesos que se materializan en el espacio-tiempo, es decir, en el cosmos físico observable.

Dicho con otras palabras, en la física clásica no puede haber conexiones instantáneas entre objetos, ni tampoco en el universo en el que siempre hemos imaginado que vivíamos. La luz tarda más de una hora en recorrer la distancia entre, digamos, la Tierra y Saturno, y nuestra mejor nave espacial tardaría varios años. Es una separación genuina. Y a la vez, ese espacio forma parte de un sistema unitario en el que los objetos de la Tierra y de Saturno están en contacto simultáneo.

Un experimento tras otro dan a entender que somos nosotros —la conciencia, la mente— quienes creamos el espacio y el tiempo, y no a la inversa. Sin conciencia, el espacio y el tiempo no son nada. Esta conciencia es correlativa con los objetos en ese ámbito de espacio-tiempo. La conclusión parece incontestable. El cosmos está impregnado del ámbito de la mente, que con su observación hace que se materialicen los objetos, que asuman una propiedad u otra o que salten de una posición a otra sin pasar por ningún espacio intermedio.

Se considera que estos resultados escapan a la comprensión lógica. Pero se trata de experimentos reales que se han llevado a cabo tantas veces que ningún físico los cuestiona. Como dijo en una ocasión el premio Nobel de Física Richard Feynman: «Creo que no me equivoco al decir que nadie entiende la mecánica cuántica [...] Mejor que dejemos de pensar constantemente, si podemos evitarlo: "Pero ¿cómo puede ser esto?", porque lo que único que conseguiremos con ello es entrar en un callejón sin salida del que nadie ha escapado aún».

Pero el biocentrismo le da sentido a todo por primera vez, porque la mente no es un elemento secundario en un universo material, sino que es una con él. Somos más que nuestro cuerpo individual, eternos incluso cuando morimos. Este es el preludio indispensable de la inmortalidad.

9

NADA DE NADA

El Gran Principio produjo vacío y
el vacío produjo el universo.

Liu An (Huai-nan Tzu)
(siglo II a. de C.)

En la concepción del cosmos predominante en el mundo moderno, somos diminutas motas de protoplasma intrascendentes, casualidades de la naturaleza, aquí quietas contemplando fijamente un vacío casi ilimitado. Inmensas extensiones de vacío sin nombre dominan la escena. ¿Sería posible sentirse más insignificante?

Pero, como veremos en el capítulo doce, no vivimos asomados contemplando el universo, sino que el universo está dentro de nosotros, es como una vívida experiencia visual en 3D ubicada en la mente. ¿Y qué hay entonces de toda esa supuesta nada, ese espacio abismal y sin vida que se extiende entre las estrellas y las galaxias? Prescindir del espacio vacío nos ayudará eficazmente a desechar la noción de un pequeño «yo» aislado que avanza con valentía en un vasto cosmos solitario. Nos ayudará a demoler la imagen moderna de que una vastedad insensible y sin conciencia es la cualidad dominante de la realidad.

Por el contrario, desde la perspectiva centrada en la vida, el «espacio» es principalmente un sentido de orden creado en exclusiva por los algoritmos automáticos de la mente. Más allá del observador, no existe un vacío real. Por eso, explorar el espacio es importante, además de un disfrute para cualquiera a quien la «nada» le fascine. Lo es porque, para poder desechar con confianza la perspectiva dominante en nuestros días, la palabra clave es *existe*; de ahí que nuestro jovial paseo en barca por este río llamado existencia empiece por examinar su antítesis: la nada.

Es cierto que el universo se asemeja a una gran bola virtual de vacío, atendiendo a los textos de física. Sin embargo, incluso aquí en la Tierra, la diversidad y la riqueza que nos rodean son una ilusión; si elimináramos de cada átomo todo el espacio desocupado, el planeta entero se reduciría al volumen de una canica. Esa canica sería entonces un agujero negro, pues tan formidable densidad intensificaría su campo gravitatorio lo suficiente como para que su luz no pudiera escapar. Se trataría de una canica de seis mil trillones de toneladas.

Más allá de la Tierra, el espacio no está en realidad tan vacío de material conocido como lo está el espacio del interior de los átomos. Hay escritores de ciencia ficción bastante fantasiosos que sugieren que un sistema solar con sus planetas en órbita es análogo a los electrones que giran alrededor de un núcleo atómico. La verdad, es una metáfora poco acertada. En relación con el tamaño de sus componentes, los átomos están diez mil veces más vacíos que los sistemas solares. Aunque está claro que, entre los planetas y las estrellas, es muy poco lo que nuestros ojos y telescopios son capaces de discernir, esto no significa que sea un espacio vacío; en realidad, ocurre más bien lo contrario.

Saber sobre la naturaleza del espacio ha obsesionado a los seres humanos desde los tiempos de que datan los primeros testimonios escritos del *Homo perplexus*. Los pobladores de la antigua Grecia, lógicos compulsivos, argumentaban que las secciones del universo que aparentemente estaban en blanco no podían estar vacías porque la nada no puede existir. Aseguraban que para que el espacio «sea nada» tenemos que tomar el verbo *ser*, que significa «existir», y negarlo. *Ser nada*, insistían, es una contradicción. Es como decir que «andamos no andamos».

Después del Renacimiento, con su repentina proliferación de grandes pensadores europeos, y más tarde también norteamericanos, la mayoría de los científicos de los siglos XVIII y XIX postularon que la luz está compuesta de ondas (Newton fue una notable excepción porque pensaba que la luz estaba hecha de partículas), y las ondas necesitan algún medio por el que viajar. Lo mismo que las ondas sonoras necesitan aire para llegar desde la radio del coche de un adolescente hasta los peatones que oyen retumbar los bajos, se creía que las ondas luminosas procedentes del Sol u otras estrellas debían necesitar un medio que transportara sus pulsaciones de un sitio a otro. La Iglesia dijo «amén» al credo del «no puede no haber nada» —si Dios es omnipresente, no puede haber ningún vacío—. De este modo, el grupo de presión antinada incluía a miembros de las comunidades científica, religiosa y filosófica. Ellos mandaban. A cualquiera que defendiera la postura provacío se lo degradaba de inmediato a la categoría de loco. Y a esa materia universal que supuestamente llenaba el espacio se la llamó primero *plenum*; luego, *aether*, o éter. Y su existencia se dio por sentada durante siglos.

La creencia en el éter no empezó a parecer dudosa hasta que se realizó en 1887 una de las demostraciones más famosas de la historia, el experimento Michelson-Morley. Albert Michelson sostenía que, si la Tierra se abría camino a través del éter, cualquier persona de nuestro mundo que dirigiera un haz de luz en la misma dirección que orbitamos debería ver que esa luz aumentaba de velocidad y se reflejaba más rápido en un espejo que un haz de luz similar dirigido en ángulo recto a ella.

Para visualizar por qué sería así, imagina que el comisario de la Liga Americana de Béisbol hiciera una excepción sin precedentes en la normativa y permitiera a un *pitcher* lanzar una bola extraordinariamente rápida desde la plataforma de carga de una camioneta que se desplazara a velocidad cada vez mayor. El *pitcher* lanzaría la bola por encima de la cabina hacia la base cuando el vehículo llegara a la altura correspondiente a su posición de lanzador, y por tanto la bola saldría disparada a la distancia habitual del bateador, es decir, 33,52 metros.

Si la camioneta pasara por ese punto a 160 kilómetros por hora, y el *pitcher* lanzara la bola rápida a 160 kilómetros por hora, el bateador se encontraría mirando una pelota que se acercaría a 320 kilómetros por hora. Muy difícil de golpear, en el mejor de los casos.

Del mismo modo, los físicos del siglo XIX dedujeron que, si proyectábamos un haz de luz en la dirección en que avanza la Tierra en su movimiento de rotación, cada fotón alcanzaría un aumento de velocidad de 106.000 kilómetros por hora en comparación con la luz que pudiera dirigirse lateralmente —o, más aún, de la dirigida hacia atrás— desde nuestro camino a través del espacio. ¿Habría alguna manera de medir este efecto?

Con la ayuda de Edward Morley, Michelson ideó un experimento utilizando un aparato con múltiples espejos colocado sobre una plataforma estable de cemento que flotaba en un tanque de mercurio líquido, a fin de poder hacerlo rotar con facilidad. Sabiendo en qué dirección viaja la Tierra, primero dirigieron la luz hacia delante, donde impactaría en un espejo y rebotaría de vuelta; luego midieron el intervalo de tiempo transcurrido. (El «rebote de vuelta» debería ser también más rápido, lo mismo que una pelota de *squash* rebota y vuelve a nosotros más rápido si la hemos lanzado contra la pared a mayor velocidad).

A continuación, se giró el aparato 90°. Se envió otro haz de luz, esta vez a un espejo que no estaba situado justo delante en «línea recta» en el sentido de la rotación de la Tierra. Los resultados fueron incontrovertibles. La luz que había viajado adelante y atrás *a través* de la supuesta «corriente de éter» que teóricamente llena la totalidad del cosmos, incluida cada habitación de nuestras casas, completó su recorrido en el mismo tiempo exactamente que la luz que había viajado la misma distancia hacia delante en la dirección que viaja nuestro planeta. O bien la Tierra se había detenido en su órbita alrededor del Sol o bien el éter no existía. (Cabía aún otra explicación −que la luz tuviera una velocidad constante independiente de todo lo demás−, pero era demasiado extraña para contemplarse siquiera).

Albert Einstein resolvió la cuestión varios años después. En 1905, la primera teoría de la relatividad mostró que la luz viaja alegremente a través de un vacío. Sus ondas son impulsos eléctricos y magnéticos. No hace falta que nada las transporte. La noticia tuvo muy buena acogida. Nunca había tenido mucho sentido que los planetas pasaran a través de una sustancia sin ofrecer ni la más mínima resistencia. Había llegado la hora de despedir al éter con viento fresco.

Entonces se puso de moda la perspectiva contraria, y a todo el mundo le encantaba «la nada». Incluso la Iglesia abandonó su postura antivacío.

Pero, cuidado, ¡no vayamos tan aprisa! Había evidencia de que una pequeña porción de la luz que emitían las estrellas distantes era absorbida por algún tipo de tenue material intermedio. Resulta que, después de todo, debía de haber alguna sustancia un poco avara que ocupaba el espacio. Unos sencillos cálculos revelaron que, por término medio, flota un átomo en cada centímetro cúbico de espacio.

Alrededor de la Tierra, la concentración de materia minúscula es mucho más alta, porque el Sol emite un flujo constante de fragmentos de átomo incorpóreos. Este «viento solar» —expresión que acuñó para denominar el fenómeno el físico Eugene Parker en los años cincuenta y que se confirmaría durante el lanzamiento del primer satélite artificial a finales de aquella década— tiene una densidad media de entre tres y seis átomos por un volumen de espacio equiparable a un terrón de azúcar. Es lo bastante sustantivo como para arrastrar hacia atrás las colas de los cometas, como si fueran las mangas de viento de los aeropuertos, y hacerlas apuntar siempre en una dirección opuesta al Sol. Se confirmó asimismo la existencia de una pequeña cantidad de materia absorbente, que flota o viaja a grandes velocidades, procedente de los rayos cósmicos que impactan continuamente en nuestro planeta, y que se descubrieron hace alrededor de un siglo. Parece ser que tienen su origen en violentos acontecimientos distantes, como las supernovas, explosiones de estrellas que arrojan brutalmente su detritus al medio interestelar.

A pesar de todo, el espacio se halla tan escasamente poblado que no sería un error llamarlo un «alto vacío». Te preguntarás dónde está toda esta materia que decimos que llena hasta el último rincón de la realidad. La clave está en que el «espacio» es mucho más que un mero inventario de la densidad de sus partículas. De entrada, está impregnado de *campos*. Llenan el cosmos campos magnéticos y eléctricos que tienen el poder de influir en el movimiento de cada partícula con una carga eléctrica. Penetra el espacio, además, un incesante torrente de fotones de todo tipo, las entidades predominantes en el cosmos. Los neutrinos, que ocupan el segundo lugar, surcan también de continuo el universo entero —un billón de ellos pasa por cada uña de tus dedos cada segundo— y, al decir de los físicos, las ondas gravitatorias fluyen por todas partes. Por tanto, es mucho lo que está presente, incluso aunque todo ello pese muy poco, o nada.

También hay que hablar de la llamada energía oscura, que está haciendo expandirse al cosmos visible. No se conocía ni se tenía la menor sospecha de su existencia hasta 1998. Fue entonces cuando nuevas mediciones de las distancias cósmicas, utilizando un tipo particular de supernova como «vela estándar» de luminosidad, revelaron que el cosmos se expande a velocidad cada vez mayor. Incluso en una explosión, la inicial proyección impetuosa de materia se ralentiza rápidamente. Sin embargo, en el cosmos la proyección va siendo cada vez más energética. Al parecer, empezó a suceder cuando el universo tenía la mitad de su edad actual, es decir, hace unos siete mil millones de años. Es como si cada grupo de galaxias tuviera su propio motor cohete y todos ellos se hubieran activado de repente en el mismo momento.

Como esto es obviamente imposible, los físicos empezaron a buscar a tientas alguna explicación. Lo mejor que se les ocurrió fue que se trataba de energía oscura. No sabemos nada sobre ella, claro está, salvo que debe de ser algún tipo de fuerza antigravitatoria, que impregnaría la totalidad del espacio. En teoría, cuando la expansión cósmica hizo que el universo alcanzara un tamaño lo bastante inmenso, las distancias entre las galaxias fueron lo bastante grandes como para que dicha energía oscura empezara a trastocar el aglutinante de la gravedad local. Y cuanto más vacío está el cosmos, más prevalece la energía oscura, ya que la propia vacuidad del espacio es la sede de esta fuerza repulsiva. Es más, dado que masa y energía son equivalentes, y que la cantidad de energía necesaria para hacer estallar el cosmos es tan enorme, ¡la energía oscura debe de ser la entidad predominante en el universo entero!

Si esta cualidad del espacio es la causa originaria de la Gran Explosión, o *Big Bang*, significa que el universo sigue explotando, y todo gracias a su espacio «vacío». Así pues, tras un examen más detallado, empieza a parecer que la «nada» es de hecho un *algo* sustancial y potentísimo. Actualmente se cree que el cosmos está atestado de energía del vacío, una aparente vacuidad que en realidad borbotea con una potencia inimaginable.

Más difícil de comprender es otro aspecto del vacío totalmente distinto, y que ha hecho que el espacio haya pasado de ser lógico a enigmático. Hemos visto que, sobre todo desde finales de la década de los noventa, los experimentos han confirmado la realidad del entrelazamiento, por el que dos bits de luz u objetos físicos de hecho, incluso aglomeraciones de materia, que se crearon juntos, salen disparados cada uno de ellos en una dirección diferente y llevan vidas separadas, pero son siempre «conscientes» del estado del otro. Si se mide u observa uno de ellos, su gemelo sabe lo que está ocurriendo y asume al instante el modo de una partícula o bit de luz con propiedades complementarias. Dicha «información» atraviesa el espacio vacío sin mediación de tiempo, incluso aunque los gemelos se encuentren en lados opuestos de la galaxia. En pocas palabras, se produce una penetración instantánea del espacio, en cero tiempo, sin importar la distancia.

Todo esto da a entender claramente que hay cierto nivel en el que la separación entre cuerpos no es real. El vacío no es lo que en un tiempo suponíamos. Si dos objetos distantes pueden estar en contacto sin importar la distancia que los separe, ¿qué nos dice esto sobre el espacio o la separación?

Y por si esto no fuera suficiente para establecer una conectividad con base científica entre todos los objetos a pesar de su aparente separación, aún hay más. La teoría de la relatividad especial de Einstein muestra que el espacio no es una constante y por tanto no es inherentemente sustantivo. Los viajes a alta velocidad hacen que el espacio intermedio se reduzca drásticamente. Es posible que cuando contemplamos el cosmos, cuando nos sentamos a mirar la bóveda celeste durante una acampada, por ejemplo, nos quedemos maravillados de la distancia a la que se encuentra y de los vastos espacios del universo; sin embargo, los experimentos han demostrado repetidamente que esa aparente separación entre nosotros y cualquier otra cosa está sujeta a la perspectiva —lo que Einstein llamó *marco de referencia*— y por consiguiente no tiene una sólida realidad *inherente*. De ahí que el propio Einstein desechara la concepción del espacio como entidad de hecho, fiable e independiente, y la reemplazara por un concepto matemático del *espacio-tiempo*. Su revelación fue que, por sí solo, el espacio es tentativo porque altera sus dimensiones. El espacio entre dos objetos cualesquiera no es ni fiable ni inviolable.

Basta con que cambies de velocidad, o le pidas al agente inmobiliario que te busque un bonito rancho en un mundo donde la gravedad sea mucho más fuerte, y verás que todas esas estrellas están ahora a distancias enteramente distintas. Si cruzáramos un salón grande al 99,9999999% de la velocidad de la luz, tanto la percepción como los instrumentos de medición mostrarían que ahora el salón es en realidad 22.360 veces más pequeño..., poco mayor que el punto que hay al final de esta frase. El espacio se habría convertido prácticamente en nada. ¿Qué ha ocurrido, entonces, con la matriz espacial supuestamente fiable, el entramado en el que observamos el universo o incluso los objetos de nuestro entorno terrestre?

Más allá de todos estos postulados científicos, ninguno de los cuales es tentativo, ni en la actualidad ningún físico pone en duda, persiste la cuestión de si esas distancias o separaciones existen objetivamente o son simplemente resultado de nuestro imparable proceso mental de poner orden en todo lo que vemos. Recuerda que solo percibimos un rango limitado de longitudes de onda y sentimos la presencia de los objetos porque nuestros campos eléctricos se encuentran con los suyos. Basándonos únicamente en dichas sensaciones, percibimos supuestas ausencias o intervalos vacíos, y por tanto el espacio aparente forma parte de la lógica mental del organismo animal, el *software* que moldea las sensaciones y las traduce en objetos tridimensionales que nos permiten encontrarle sentido al mundo y llevar a cabo todas nuestras funciones vitales, como ir a buscar comida o averiguar dónde hemos puesto el mando a distancia de la televisión.

Teniendo todo esto en cuenta, la mayoría probablemente consideraremos que el espacio es una especie de contenedor gigantesco sin paredes, que incluye entidades, todas visibles. Miríadas de objetos separados parecen flotar en este inmenso almacén sin suelo. Para verlos como cuerpos individuales, es necesario que cada objeto esté identificado como un patrón grabado en la mente, y es necesario además que haya espacio en torno a ellos, para poder identificarlos como entidades separadas.

Pero todas esas separaciones son a menudo meras construcciones mentales. Cuando miramos una catarata, ¿contamos como separaciones los espacios entre gotas o, por el contrario, los incluimos como el «objeto catarata»? ¿Y la niebla? ¿La incluimos como objeto o no? ¿Y qué me dices del Sol? ¿Incluirías su interior como «espacio exterior»? La mayoría responderíamos que no; el Sol entero es un solo cuerpo material. Y sin embargo, sus gases y su plasma son casi en su totalidad espacios vacíos, no hablemos ya del interior de sus átomos. Es decir, cuanto más pensamos en ello, más arbitraria se vuelve la noción de lo que está vacío y lo que no.

Y aún hay más. Una auténtica nada no contendría vitalidad alguna, fuerza alguna. ¿Cómo podría el puro vacío mostrar ninguna clase de animación? Y no obstante, durante más de medio siglo, los astrofísicos han creído que las inmensas secciones de vacío que hay en el universo rebosan de energía. Como veremos, este camino nos acercará un poco más a poder comprender la ilimitada fuerza bruta de la amalgama mente-naturaleza.

Ya hemos visto que, por muy frío y perfecto que sea un vacío, está penetrado por luz estelar, calor infrarrojo y microondas residuales del cálido *Big Bang*. Todos ellos impregnan el vacío y no necesitan un medio para propagarse. Y dado que energía y masa son equivalentes, esas ondas que viajan fulminantes por todo el espacio significan que es imposible encontrar jamás un verdadero vacío.

Pero esto no pasa de ser una pequeñez técnica comparado con las auténticas revelaciones antinada. El principio de incertidumbre publicado por el físico alemán Werner Heisenberg en 1927 sostiene que el vacío perfecto puede existir, idea secundada por otros físicos teóricos de la época que argumentaban que ese espacio vacío debería contener un extraño tipo de energía. En aquella época, nadie fue capaz de encontrar ni rastro de ella, a pesar de que la teoría postulara que cada centímetro cúbico de espacio vacío debería contener más fuerza bruta que si cada átomo del universo fuera una bomba atómica como las que muy pronto se crearían. Hubo de pasar cierto tiempo, pero finalmente se demostró que tenían razón. Las pruebas experimentales muestran que las «partículas virtuales» —elementos como electrones y positrones antimateria— estallan, chisporrotean y surgen de la nada en todas partes todo el tiempo. Lo normal es que cada partícula exista durante solo una milmillonésima de una billonésima de segundo, y luego se desvanezca. Si hay un campo de energía a su alrededor, una partícula virtual puede tomar prestada un poco de esa energía a fin de seguir existiendo para siempre. Por tanto, este universo aparentemente vacío rebosa para siempre de exuberantes partículas evanescentes, semejantes a pulgas que saltaran arriba y abajo sobre una parrilla caliente.

En la actualidad, los físicos creen que esa «energía del vacío» fundamental es más que meramente omnipresente; tiene una potencia fabulosa. Las estimaciones de la energía contenida en cada bit diminuto de espacio aparentemente vacío varían sobremanera. Es probable que el espacio interior de un tarro de mahonesa contenga fuerza suficiente como para hacer hervir al instante el océano Pacífico. (Lo cierto es que los científicos están todavía empezando a comprender esta energía omnipresente. Hay una inquietante discrepancia de 100 órdenes de magnitud entre las predicciones teóricas de su potencia y los valores medidos hasta la fecha, diferencia a la que se ha denominado *catástrofe del vacío*).

Pero aunque no se conozca su verdadera potencia, la existencia de la energía del vacío raramente se cuestiona. Como prueba de ella, tenemos el efecto Casimir, llamado así en honor del físico danés Hendrik Casimir, quien hizo una extravagante predicción en 1948. Señaló que si se cuelgan dos placas de metal muy cerca una de otra, se limita la potencia del vacío entre las placas porque las ondas de energía necesitan espacio para moverse. Por eso no existen las olas del océano en una pequeña cala resguardada, y por eso no te empiezan a hervir los ojos mientras miras el horno microondas —las microondas son demasiado grandes como para caber por los agujeritos de la pantalla que reviste la puerta—. De modo que la estrecha separación entre una placa y otra restringe las longitudes de onda de que disponen las partículas virtuales. En cambio, la energía cuántica que hay en el exterior de las dos placas es fortísima, y las hace acercarse entre sí.

Bien, esto ocurre de verdad. El efecto Casimir es real. Si colgamos dos placas en paralelo separadas por 100 veces el grosor de un átomo, se niegan a quedarse simplemente colgando. Espontáneamente, se acercan la una a la otra con una fuerza de más de 1 kilo por centímetro cuadrado. Si se aproximan entre sí el doble, la fuerza aumenta dieciséis veces. Algo hay en el espacio vacío que ejerce una fuerza poderosísima.

Algunos soñadores quieren explotar la energía del vacío para darle al mundo una energía gratuita ilimitada. Energía salida de la nada. Pero hay un problema. Esa energía existe en todas partes por igual, y por ese motivo no la sentimos ni la detectamos. La energía solo fluye de un lugar de mayor energía a uno de menor energía, lo mismo que el calor se desplaza solo a donde hace menos calor. De modo que ¿cómo podrían crearse unas condiciones que tuvieran menos energía que la energía que está en todas partes? ¿Cómo hacer que esa energía venga a nosotros y, por tanto, la podamos controlar para crear energía ilimitada?

Lo más que nos acercamos a algo semejante es cuando enfriamos materia hasta el cero absoluto, a -273,15 ºC, punto en el que todo el movimiento molecular se para en seco. Entonces y solo entonces están las cosas en paridad con esta fuerza omnipresente, y por eso se la denomina también *energía de punto cero*.

Hay pruebas de que este géiser escondido se manifiesta en ese punto. El helio no podría seguir siendo líquido a temperatura de cero absoluto si no recibiera un poco de energía que le impida congelarse y solidificarse (es el único elemento que no se congela espontáneamente por mucho frío que haga). Por tanto, la energía de punto cero se manifiesta cuando todos los demás tipos de energía están ausentes. Para conseguir que esta ilimitada energía de espuma cuántica fluya hasta nosotros, tendríamos que crear unas condiciones por debajo del cero absoluto, lo cual significa hacer que los átomos se muevan más lento que si estuvieran parados.

¿Más lento que si estuvieran parados? Los griegos sin duda se devanarían los sesos tratando de entenderlo. Si damos con la solución, el poder del universo es nuestro. Entretanto, seamos claros: el hecho de que el universo esté imbuido de una energía que hace que las simples ondas luminosas y campos eléctricos que nos rodean parezcan, a su lado, tímidas simuladoras significa que esta esencia de Ser —esta naturaleza de todas las cosas, este verdadero sí mismo que sustenta la conciencia y la vida en sí, esta aparente vacuidad que se diría que es la matriz, el caballete, el telón de fondo de todas nuestras desventuras humanas— es una entidad inimaginablemente poderosa.

Su energía trasciende cualquier escala. Su potencial es ilimitado. Que no lo veamos con estos ojos ni tengamos una sensación física de ello no significa nada; nuestros sentidos están construidos arquitectónicamente para percibir lo que nos es útil en la vida cotidiana. ¿Qué función podría cumplir percibir la cegadora ultraenergía que impregna cada intersticio de la realidad?

Por tanto, vamos a cambiar la concepción que tenemos del cosmos. Vamos a considerar que los objetos visibles son meros bits materializados de restos flotantes que emergen de la energía del vacío que subyace a todo, que es inmensamente más poderosa, y que ignoramos porque es visualmente imperceptible. Pero, en esta forma diferente de concebir el cosmos, ¿es posible que percibamos una unidad fundamental en lugar de un sinfín de entidades individuales separadas por el espacio? ¿No somos capaces de comprender que, en cualquier caso, somos nosotros los que planeamos y organizamos en categorías de color, forma o utilidad los objetos conocidos por nuestra mente pensante? Por tanto, ¿es el espacio siempre una realidad, o es una mera percepción?

Vamos a sintetizar todo esto recordando en primer lugar las múltiples razones por las que el espacio no puede ser la simple separación vacía entre dos cuerpos, como se suponía no hace demasiado tiempo. ¿Te parece que las contemos?

1. El espacio vacío nunca está vacío, en particular cuando incluimos campos, fotones, neutrinos, energía del vacío y pares de partículas transitorios.

2. Las distancias entre objetos mutan dependiendo de una multitud de condiciones relativistas entre algo y algo distinto, por lo cual no existe en ninguna parte una distancia que sea inviolable.

3. La teoría cuántica duda seriamente que incluso cuerpos muy alejados uno de otro estén verdadera y totalmente separados.

4. Suele denominarse espacio a la separación entre objetos porque el lenguaje y las convenciones nos hacen establecer límites.

Así que el biocentrismo nos muestra además que, dado que el observador y el universo son correlativos, el espacio «exterior» forma parte del *continuum* de la conciencia, y nada existe separado del observador. En realidad, las más remotas regiones del espacio están ubicadas en nuestra mente.

Aun así, la tortura mental que genera la cuestión del espacio no da señales de remitir. Los físicos teóricos se preguntan si cabe la posibilidad de que haya una mínima cantidad de espacio que no pueda subdividirse. Algunos opinan que sí. Otros proponen añadir al espacio otras dimensiones además de las tres espaciales y el tiempo como cuarta dimensión. Hay complejos argumentos, plausibles desde el punto de vista matemático, a favor de un mayor número de dimensiones invisibles, mientras, por otro lado, muchos científicos opinan que las dimensiones espaciales adicionales son pura especulación y lo seguirán siendo en tanto no haya pruebas experimentales u observaciones que así lo demuestren.

Incluso dejando de lado las proposiciones aparentemente descabelladas, queda mucho en lo que pensar. Empezamos haciéndonos una pregunta muy simple: «¿Qué es el espacio?», principal componente del cosmos, y hemos acabado con la cabeza dándonos vueltas. Una cosa está clara, y es que la imagen colectiva del cosmos que durante tanto tiempo hemos dado por buena ha quedado invalidada..., y ni siquiera podemos decir en realidad que sea una conclusión inédita.

Ya en 1781, el mismo año en que se descubrió el planeta Urano, el filósofo prusiano Immanuel Kant escribió: «Debemos desechar la noción de que el espacio y el tiempo son en sí auténticas cualidades de los objetos [...] todos los cuerpos, junto con el espacio en que se hallan, deben considerarse meras representaciones presentes en nosotros, y que no existen sino en nuestros pensamientos».

El biocentrismo muestra, por supuesto, que el espacio es una proyección desde el interior de nuestra mente, donde empieza la experiencia. Es un instrumento práctico para la vida, la forma de sentido exterior que le permite a un organismo coordinar la información sensorial y hacer valoraciones sobre la cualidad e intensidad de lo que percibe. El espacio no es un fenómeno físico y no debería estudiarse del mismo modo que se estudian las sustancias químicas y las partículas móviles.

Kant dijo además: «Es nuestra mente la que procesa la información que recibe acerca del mundo y la pone en orden [...] nuestra mente crea las condiciones de espacio y de tiempo para experimentar los objetos».

En términos biológicos, la interpretación de la información sensorial por parte del cerebro depende de qué vía neural utilice dicha información. Por ejemplo, toda la que llega al nervio óptico se interpreta como luz, mientras que la localización de una sensación en una determinada parte del cuerpo depende de la ruta en particular que tome para llegar al sistema nervioso.

«Ese espacio –dijo desdeñosamente Einstein, negándose (por el momento) a enredarse en pensamientos filosóficos más profundos sobre el tema– es lo que medimos con una vara de medir». Pero está claro que, incluso en su definición, los protagonistas somos *nosotros*; pues ¿qué es el espacio si no es por el observador?

Podríamos hacer uno de los experimentos mentales clásicos de Einstein e intentar imaginar el cosmos si se hubieran eliminado de él todos los objetos y la vida en sí. El primer impulso tal vez sería decir: «Solo existe espacio». Pero si lo pensamos un momento, vemos lo vacía (¡ja!) que es esta demostración, pues ¿no nos lleva de vuelta a la reprobación de la «nada» que hicieron los griegos de la Antigüedad, a sus argumentos de por qué la nada no es posible? ¿Qué definiría sus fronteras?

Es inconcebible que pueda existir algo en el mundo físico sin ninguna sustancia ni fin. Incluso aunque el auténtico vacío tuviera cabida en la ciencia –que, como hemos explicado, no es el caso–, no sería suficiente para otorgar realidad independiente al espacio verdaderamente vacío.

Así pues, no somos individuos que están «aquí» separados por un vacío —un espacio muerto— que se interpone entre nosotros y, por ejemplo, otras galaxias. El espacio es irreal a multitud de niveles, y es engañoso concebir TODO LO QUE HAY como una vasta esfera mayoritariamente vacía. El tamaño de todo depende de los marcos de referencia, y además experimenta mutaciones regidas por leyes cuánticas, por lo cual es cuestionable si hay alguna separación absoluta perdurable. Esto significa que una conectividad impregna lo que solíamos llamar éter.

Por último, al intentar responder a viejas cuestiones sobre el tamaño del universo —que como ahora se sabe incluye a la conciencia y es correlativo con nosotros—, no podemos experimentar sino lo fútil que es tratar de «imaginar» una entidad sin dimensiones definidas.

Por tanto, además de saber ahora que el cosmos existe fuera del tiempo, y que ni morirá ni nunca nació, y de comprender que *espacio* es una palabra que no simboliza nada sustancial, hemos llegado a otra revelación:

El universo no tiene tamaño.

10

EL UNIVERSO ALEATORIO

«Una tirada de dados jamás abolirá el azar»
(«Un coup de dés jamais n'abolira le hasard»)

Stéphane Mallarmé,
título de un poema (1897)

Nadie se empeñaría en inventar el taco mexicano si ya existe. ¿Por qué perder el tiempo y la energía en un trabajo innecesario? La única razón para crear un nuevo modelo de la vida y el cosmos es que el paradigma vigente sea defectuoso.

¿Lo es? Bien, ya vimos en el capítulo uno que la «biografía estándar» del cosmos, recitada en los colegios del mundo entero, habla de la Gran Explosión, el *Big Bang*, tras la cual las cuatro fuerzas fundamentales de la naturaleza obraron su magia sobre dos o tres variedades de materia fundamental (es decir, *quarks* y electrones; podemos ignorar los neutrinos puesto que no intervienen en la formación de los objetos que componen el universo).

La vida y la conciencia, según este modelo, no son cruciales ni para el proceso de creación ni para su evolución o sustento. Son eventos adicionales posteriores. Accidentes, para ser exactos. Que tú y yo existamos siquiera es una especie de trivial golpe de suerte. La aparición de la vida es igual de intranscendente para el cosmos que la presencia de los anillos de Saturno. Como un puñado de encurtidos para amenizar el plato. Un embellecimiento. Quizá desde nuestro punto de vista, el de las formas vivas, la vida sea la pluma que corona el sombrero de la naturaleza, la guinda en lo alto del pastel, pero los científicos sostienen que no fue ni fundamental ni necesaria en el calendario cósmico.

Llegados a este punto, comprenderás que nuestro punto de vista como autores no podría ser más antitético, dado que *biocentrismo*, como su propio nombre indica, significa que la vida y la conciencia son atributos cósmicos indispensables.

La prueba de que esto es así es, indudablemente, de lo que trata este libro. El caso no es tan distinto de los que se presentan ante los tribunales de justicia, una presentación de pruebas, paso a paso. Y un paso crucial exige invalidar la perspectiva predominante, pues, mientras se siga aceptando el paradigma actual, las alternativas no servirán más que para engrosar las secciones de las bibliotecas dedicadas a hipótesis y curiosidades.

Ya hemos visto que la perspectiva vigente está firmemente fundamentada en una modalidad espaciotemporal: tú y yo somos cuerpos ubicados en un planeta que habita un particular vecindario cósmico. El nacimiento de nuestro mundo tuvo lugar hace 4.650 millones de años, unos 9.150 millones de años después del *Big Bang*, etcétera, etcétera. Así es como concebimos las cosas, o, esperemos, como las solíamos concebir, puesto que ya hemos comprendido que ni el espacio ni el tiempo tienen ningún tipo de realidad fundamental que no sea la de herramientas de la percepción animal. Y una vez despachados el espacio y el tiempo, hay un tercer jugador de renombre que desempeña un papel crucial en el actual modelo estándar, y es la aleatoriedad o el azar.

Todos hemos oído hablar de «la ley de los promedios», y nadie puede discutir su validez. Sabemos que si lanzamos una moneda al aire diez veces, el resultado más probable serán cinco caras y cinco cruces. Pero no nos sorprenderíamos si nos salieran, en lugar de eso, siete caras y tres cruces. Es decir, en una sola prueba que consistiera en lanzar la moneda al aire diez veces, no nos quedaríamos perplejos si saliera cara el 70% de las veces. Si hicimos algún curso de estadística en la universidad, recordaremos también que una muestra de gran tamaño, o N, hace que la ley de los promedios empiece a parecer tan mágica casi como para grabarla en piedra. Porque si lanzáramos una moneda al aire 10.000 veces, podríamos estar bastante seguros de que *no* saldría cara 7.000 veces, aunque este resultado sea aparentemente una réplica del 70% de caras obtenidas en el primer experimento. Lo cierto es que ver salir cara 7.000 veces sería tan insólito que mejor haríamos en desconfiar de la veracidad de la moneda o de la imparcialidad del experimentador, en lugar de aceptar el resultado.

La estadística, en otras palabras, nos ofrece un medio muy fiable para descubrir cómo son las cosas en realidad. De ahí que cuando los adeptos del modelo de «universo aleatorio y tosco» (es decir, casi todo el mundo) sostienen que absolutamente todo apareció por casualidad, parezca razonable. Casualidad que, asimismo, hace que parezca plausible la idea de que un cosmos igual de obtuso e insensible que una piedra pueda, transcurrido el tiempo suficiente, hacer que aparezcan ruiseñores sola y exclusivamente por azar.

En el bando contrario hay un espectro de perspectivas religiosas. Sin embargo, intencionadamente vamos a dejar a Dios fuera de esto, sobre todo porque hay otras vías concebibles de que el cosmos haya podido crear complejas estructuras sin intervención del azar; por ejemplo, si la naturaleza es intrínsecamente inteligente y la inteligencia forma parte ineludible de todo este tinglado.

Fue una u otra versión de esa inteligencia cósmica inherente, o Deidad Creadora, la que se dio por buena durante innumerables siglos; era casi invariablemente la creencia que predominaba entre los científicos, llamados por esta razón *filósofos de la naturaleza*, o filósofos naturalistas, hasta el siglo xix. Incluso un pensador tan eminente como Isaac Newton escribió, casi al final de su vida: «¿De dónde nacen todo el orden y belleza que vemos en el mundo?... ¿Cómo se ingeniaron con tanto arte los cuerpos de los animales?... ¿Pudo crearse el ojo sin exquisitos conocimientos de óptica?».

O podemos apelar a Cicerón, que escribió hace más de dos mil años: «¿Por qué os empeñáis en que el universo no es una inteligencia consciente, cuando da a luz inteligencias conscientes?».

Así pues, el paradigma del «universo inteligente» ha prevalecido durante la mayor parte de la historia documentada, ya fuera aceptando la presencia de un titiritero omnisciente –Dios– o asumiendo que la inteligencia era un don innato, como expresa la frase: «No se puede engañar a la madre naturaleza». Lo de eliminar por completo de escena cualquier forma de inteligencia cósmica es una postura relativamente reciente, y por mucho que sea la norma en la ciencia de nuestro tiempo, en el habla popular la gente sigue diciendo cosas como: «La Naturaleza es sabia».

En cualquier caso, el paradigma moderno de un universo tosco e insensible nos obliga a explicar por algún otro medio la compleja arquitectura física y biológica que vemos a nuestro alrededor. Y la única opción es el azar. Todo es un accidente. La única respuesta posible que ofrece el modelo de un universo estúpido es la aleatoriedad.

La aleatoriedad es también un factor clave de la evolución, en la que funciona estupendamente. Cuando Darwin habló de la selección natural, no se trataba de una idea ingeniosa pero incapaz de explicar nada. Tiene sentido que las jirafas desarrollaran un cuello largo, ya que aquellos predecesores «jirafescos» que casualmente habían recibido una mutación aleatoria conducente a un cuello más largo de lo normal tenían ventaja en la lucha por la supervivencia, pues podían alcanzar las hojas y los frutos de las ramas más altas. Con el tiempo –y no hacía falta que fuera muchísimo tiempo– la selección preferente de mamíferos con el cuello largo les dio un sitio aventajado en el Serengueti.

Si la evolución funciona, y se basa en mutaciones aleatorias combinadas con la selección natural, la comunidad científica está encantada de que el público, por pereza, imagine que «el azar» es aplicable igualmente a todo lo demás que vemos. Y ese todo incluye el universo entero y la aparición de la vida y de la conciencia.

Muchos, si no la mayoría, de los grupos fundamentalistas que, basándose en la Biblia, propugnan el diseño inteligente del cosmos se han ganado su reputación por ser obstinadamente anticiencia. Defienden la Biblia a toda costa, incluso cuando proclama que una persona llamada Noé salvó a dos miembros de cada especie –de las que existen ocho millones– para que sobrevivieran a la inundación mundial de la que no existen pruebas documentadas (seamos realistas, dejando a un lado el hecho de que dos animales de cada especie no ofrecerían suficiente biodiversidad como para que la especie sobreviviera, la idea de una inundación global de magnitud suficiente como para sumergir el Himalaya es difícil de creer, ya que el ascenso del nivel del mar sería solo de tres centímetros escasos si todas las moléculas del vapor terrestre se precipitaran en forma de lluvia). Su defensa de las Escrituras, por muy fantasioso que sea el pasaje de que se trate, los tiene esposados a posturas insostenibles. Pero hay algo que debemos concederles: cuando objetan que la creación de la arquitectura del ojo no puede explicarse por la selección natural, y algunos científicos responden desestimándolos sumariamente, es a estos últimos a quienes se puede culpar de razonamiento chapucero.

La selección natural funciona porque alguna aleatoria mutación le confirió a un animal una ventaja que le permitió sobrevivir para procrear. Pero un ojo —cualquier ojo, incluso el más rudimentario— necesitaba no simplemente una sola mutación que creara una célula sensible a la luz, sino también un sistema nervioso o alguna modalidad de él que transportara esas sensaciones al cerebro, o precursor del cerebro, para que la información pudiera utilizarse de alguna manera, por ejemplo para desplazarse hacia delante o apartarse de la luz. La vista requiere además una estructura celular «perceptora» en la que formar una imagen, incluso aunque no sea más que una sensación rudimentaria de luminosidad. En pocas palabras, incluso un sentido de la vista muy primitivo necesita de mucho más que una sola mutación genética. Da igual que aquellos primeros ojos carecieran de los sofisticados elementos característicos de la vista en los animales de hoy, una vista que cuenta con un maravilloso elenco de músculos de reparto para enfocar y ajustar el diámetro de la pupila, diversos tipos de células de la retina sensibles al color, lente, nervio óptico y un anfiteatro de miles de millones de neuronas especializadas y sinapsis para crear de hecho la percepción de la imagen. Disfrutan de una arquitectura bastante compleja, los animales de hoy día; pero incluso la versión primera y más basta debió de requerir *alguna* clase de estructura para ser mínimamente útil.

Una sola mutación no lo habría conseguido. No habría reportado ningún beneficio, y por tanto no habría habido nada ventajoso que transmitir a la prole. ¿Y qué probabilidades hay de que se produjera una profusión de mutaciones simultáneas, independientes pero interdependientemente necesarias en un solo animal?

Por consiguiente, sostiene un argumento, el ojo, así como otras facultades biológicas complejas en las que los componentes no funcionan individualmente a menos que exista toda una estructura arquitectónica, son prueba de una inteligencia de «diseño» innata o (como dicta su creencia) un Creador muy diestro. En resumen, la evolución explica magníficamente las mejoras de la especie que acompañaron a las estrategias adaptativas y los cambios de configuración, pero no explica muchas de las facetas biológicas *originales*, como la aparición inicial de la vida, o incluso de algunos órganos vitales.

Plantea además otro problema pretender, por comodidad, que la evolución sea la explicación prácticamente para todo lo relacionado con la vida y sus cambios. Aunque la evolución clásica resulta excelente para ayudarnos a entender el pasado, no logra captar la fuerza motriz que la impulsa. La evolución necesita añadir a la ecuación el observador. De hecho, el gran físico y premio Nobel Niels Bohr indicó: «Cuando medimos algo, forzamos a que asuma valor experimental un mundo indeterminado e indefinido. En realidad, no "medimos" el mundo, lo creamos».

Los evolucionistas intentan resolver la cuestión por sus propios medios. Piensan que los seres humanos, el observador, somos un accidente puramente mecánico, despojos sobrantes de una explosión que un buen día ocurrió de la nada. El gran naturalista Loren Eiseley dijo en una ocasión que los científicos «no siempre han sabido ver que una vieja teoría, con una levísima vuelta de tuerca, puede abrir una perspectiva enteramente nueva de la razón humana». La teoría de la evolución es sin duda uno de esos casos. Lo asombroso es que todo tiene sentido si consideramos que el *Big Bang* sea *el fin* de la cadena de causalidad física, no el principio.

Si en presencia nuestra, del observador, se colapsan las posibilidades (es decir, el pasado y el futuro), ¿dónde deja esto a la teoría evolutiva que describían nuestros libros de texto? Hasta que esté determinado el presente, ¿cómo puede haber un pasado? El pasado empieza por la presencia del observador, por nuestra presencia, y no a la inversa como se nos ha enseñado.

Aunque lo que acabamos de decir pueda tardar un poco en asimilarse, lo que es indiscutible de entrada es la futilidad de imaginar que el azar pueda ser ningún tipo de génesis en el desarrollo de la *conciencia*. El hecho de que estemos dotados de percepción, de que tengamos la capacidad de ser conscientes, es una cualidad que no ha sabido explicar ningún investigador. Su nacimiento escapa incluso a las respuestas más básicas. Tanto es así que quienes lo han estudiado se unen a Ralph Waldo Emerson declarándolo un misterio insondable, semejante a contemplar «un lugar sagrado». Esta cualidad enigmática le pone barreras y retos al científico, ya que todo lo que vemos y pensamos sobre el universo —el acto en sí de ver y pensar— requiere percepción. Si la capacidad de percepción consciente contiene sus propias predisposiciones innatas —y pronto mostraremos que así es—, no tenemos posibilidad de entender el cosmos sin comprender primero la conciencia en sí.

Pero no corramos tanto. Apartado de todo esto, de la conciencia y la vida biológica, está el paradigma moderno y vigente de la construcción del universo cuyas piedras angulares son el tiempo, el espacio y la aleatoriedad. Hemos estudiado detalladamente el tiempo y el espacio y los hemos despojado de su categoría de entidades independientes con existencia autónoma. Vamos a ser ahora igual de inflexibles en lo que al azar se refiere.

En nuestro papel de observadores, hemos aceptado que una serie de sucesos aleatorios crearon la mayor parte de lo que vemos: el dibujo que forman los cráteres del planeta Mercurio parece igual de aleatorio que las marcas de un chacal, y en el mundo cuántico de lo minúsculo, solo entendemos las cosas en sentido probabilístico. Pero mientras en ciertas áreas esto funciona de maravilla, «el azar» es en realidad un proceso fascinante y con frecuencia malinterpretado.

La ilustración más famosa de la probabilidad es el experimento mental de los monos y las máquinas de escribir. Todos hemos oído hablar de él. Si dejamos a un millón de monos mecanografiar al azar en un millón de teclados durante un millón de años, obtendremos todas las grandes obras de la literatura. ¿De verdad sería así?

Hace alrededor de diez años, unos cuidadores de animales salvajes pusieron un ordenador y un teclado delante de un grupo de macacos para ver qué ocurría. No escribieron prácticamente nada. Por el contrario, tiraron el teclado al suelo, hicieron sobre él sus necesidades y rápidamente les pareció que aquel aparato no les servía para nada. No crearon ningún tipo de sabiduría escrita.

Pero ahora, hablando en serio, vamos a confinar el experimento a nuestras mentes, como solía gustarle hacer a Einstein en sus experimentos mentales. La pregunta es: ¿podrían un millón de monos diligentes que teclearan durante un millón de años crear de verdad *Hamlet*? ¿Y si uno de ellos, a base de golpear teclas al azar, escribiera *Moby Dick* palabra por palabra en su noventa y siete mil millonésimo intento pero luego se le olvidara poner el punto final, ¿contaría eso también?

Lo creas o no, el problema es perfectamente soluble. Hoy en día, los teclados ofrecen muchos sitios donde pulsar; pongamos que cada máquina de escribir tiene cincuenta y ocho teclas. Si hablamos de sucesos aleatorios, piensa en la dificultad de escribir simplemente los primeros quince caracteres, espacios incluidos, de *Moby Dick*: «Llamadme Ismael». ¿Cuántos intentos al azar serían necesarios?

Dado que hay cincuenta y ocho teclas posibles, sería 58 x 58 x 58 x 58... quince veces, que da como resultado unos 283 billones de billones de intentos. Pero recuerda que tenemos a un millón de monos trabajando, y pongamos que teclean cuarenta y cinco palabras por minuto, luego las quince pulsaciones que componen la frase no les llevarían más de cuatro segundos. Y los monos además nunca descansan ni duermen, así que ¿cuánto tiempo transcurriría hasta que, según las leyes de la probabilidad, uno de ellos escribiera finalmente «Llamadme Ismael»?

Respuesta: alrededor de 36 billones de años o, lo que es lo mismo, aproximadamente 2.600 veces la edad del universo.

Por lo tanto, un millón de monos que teclearan con frenesí jamás conseguirían reproducir ni siquiera las dos primeras palabras de un solo libro. Moraleja: olvídate de eso de los monos y las máquinas de escribir. Es una patraña.

El verdadero problema de hacer uso del azar para explicar lo que de otro modo resulta inexplicable es que se sobrevalora exageradamente el alcance de los sucesos aleatorios. Es indudable que los astrónomos esperan encontrar vida en alguna otra parte, y automáticamente darían por sentado que la existencia de cualquier forma de vida alienígena habría surgido en origen por una serie de procesos aleatorios, físicos o químicos. Basándose en esa suposición, es posible que los exobiólogos intentaran resolver por tanto la cuestión de la génesis de la vida en ese sistema estelar remoto. Pero lo que queremos destacar en que suponer que todo ello se originó por azar no es una hipótesis útil desde ningún punto de vista. Y teniendo en cuenta que a esto de la aleatoriedad se le ha concedido mucho mayor poder que el que merece, tanto en la imaginación popular como en el ámbito científico, probablemente progresaríamos más si admitiéramos con candidez: «Es un misterio», y en tal supuesto tal vez los investigadores empezarían a plantear la cuestión desde cero, sin ninguna concepción previa.

Lo que estamos examinando aquí es la posibilidad de que el mero azar pueda obrar algo tan complejo como la creación de la vida y la conciencia. Sin embargo, a la vista de las formidables limitaciones en cuanto a lo que el azar es capaz de lograr, debemos entender también por qué –se diría que paradójicamente– hay sucesos aleatorios que crean, no obstante, una diversidad mareante de posibilidades.

Piensa, por ejemplo, de cuántas formas se pueden ordenar cuatro libros en un estante. Las posibilidades se calculan multiplicando 4 x 3 x 2 –que se lee «4 factorial» y se escribe 4!– y que da como resultado 24. Pero ¿y si los libros son diez? Vuelve a ser fácil; es 10 factorial o 10 x 9 x 8 x 7 x 6 x 5 x 4 x 3 x 2, que es igual a –¿preparado?– 3.628.800 maneras distintas. Imagínate: pasar de cuatro libros a diez aumenta las posibilidades de organizarlos de 24 maneras diferentes a más de 3.600.000.

Vamos a intentar visualizarlo. Nos será fácil imaginar que sacamos diez libros de una caja y los colocamos rápidamente al azar en un estante. ¿Se nos habría pasado por la cabeza que las probabilidades de que aparezcan por orden alfabético son aproximadamente 1 entre más de 3.600.000? Muy pocos habríamos imaginado que la probabilidad fuera tan remota. Indudablemente habría sido muy improbable que por azar hubieran aparecido todos colocados por orden alfabético, pero habría sonado más aceptable que las probabilidades fueran 1 entre 100. Digamos que 1 entre 1.000, como mucho. Pero 1 entre más de 3.600.000 no parece una cifra realista. Y sin embargo lo es. Equivaldría a colocar esos diez libros en el estante todos los días durante más de 100 vidas seguidas, hasta conseguir que aparezcan ordenados alfabéticamente.

La enormidad de posibilidades es siempre demencial. Nos asombra. El número de átomos que compone la totalidad del universo visible puede escribirse aquí mismo; es 1.000000000 0.0000000000.0000000000.0000000000.0000000000.0000 000000.0000000000.0000000000 —es decir, ochenta ceros—. Si añadimos tan solo otros seis ceros (que apenas se notarían), habríamos representado *todos los átomos de un millón de universos*.

Sin embargo, tendríamos que teclear ceros el resto de nuestra vida para expresar las maneras —solo para representarlas por escrito— en que podrían disponerse las estrellas de nuestra galaxia. O conectarse las neuronas del cerebro humano. El número de formas en que pueden suceder las cosas es descomunal. El potencial de la mente supera con mucho lo que ella misma es capaz de comprender. (Una de nuestras citas favoritas de George E. Pugh dice: «Si el cerebro humano fuera tan simple como para poder entenderlo, seríamos tan simples que no lo entenderíamos»).

Siempre podemos contar las *cosas*. No hay problema. Pero cuando se trata de calcular *posibilidades* —en la Tierra o fuera de ella—, los primates estamos perdidos.

✳✳✳

Pero volvamos a la pregunta original: ¿es posible que el cosmos que vemos, incluido el complejo diseño biológico del cerebro y del cisne trompetero, sea solamente resultado de una serie de colisiones aleatorias de átomos? Si la aleatoriedad necesita 36.000 millones de años para teclear una sola frase de quince caracteres, incluidos los espacios, la respuesta es obvia: ni la menor posibilidad. Por el contrario, si el resultado que se desea obtener no es un logro específico, como los mangos o el génesis de la vida, y lo único que se les pide a esas bolas de billar que chocan unas con otras al azar es que produzcan algo, lo que sea, en ese caso no tendrán problema en complacernos.

Esto nos lleva inevitablemente a entender que el azar tiene probabilidades de crear *algún tipo* de universo. El problema es que *el nuestro* goza de una serie de propiedades exquisitas que hacen de él el medio perfecto para que la vida exista. Vivimos en un cosmos extraordinariamente preciso. Es un lugar donde el más mínimo cambio aleatorio que diera lugar a parámetros incluso levemente distintos en centenares de aspectos independientes bastaría para que la vida no pudiera existir en él. Con solo que la constante gravitatoria variara un 2%, o cambiara la energía de la longitud de Planck, la constante de Boltzmann o la unidad de masa atómica, no podría haber estrellas, ni vida.

Así pues, ni en sueños puede concebirse que un cosmos capaz de albergar vida —no hablemos ya de desarrollo y evolución de la vida— pueda ser producto meramente del azar. *La hipótesis de la aleatoriedad no se sostiene.* La verdad sea dicha, como explicación se acerca a la idiotez; podemos colocarla al mismo nivel que la de «el perro se ha comido mis deberes». Es casi como si los defensores de un «universo tosco» quisieran que la validez de su teoría fuera pareja a la de su premisa central.

Y así se derrumba la última piedra angular de la actual «aclaración» del cosmos. El azar se precipita en el mismo abismo al que ya fueron a parar sus camaradas, el tiempo y el espacio. El modelo moderno más popular, que giraba en torno a esta tríada, siempre ha sonado a explicación endeble y forzada, que necesitaba poco más que una inspección rutinaria para derrumbarse.

Aun cuando, de un instante para otro, se crearan precisamente las condiciones esenciales propicias y las constantes físicas idóneas, dice el paradigma moderno que la vida y la conciencia debieron de arreglárselas no se sabe bien cómo para surgir por puro accidente... como si fueran artículos triviales que pudieran fabricarse a la ligera.

Vamos a sintetizar las condiciones esenciales más básicas que fueron imprescindibles para que la vida cobrara existencia.

Para empezar, dos fuerzas específicas fundamentales —el electromagnetismo y la «fuerza nuclear fuerte», que opera solo en espacios muy pequeños— debían tener valores específicos. El primero permite que los campos eléctricos puedan mantener los electrones vinculados al núcleo atómico, lo cual a su vez permite que existan los átomos. Pero ni siquiera el núcleo atómico se mantendría unido sin una fuerza nuclear fuerte perfectamente ajustada, pues solo gracias a ella es posible que múltiples protones se adhieran y superen la fuerza repulsiva —una de las dos fuerzas— del electromagnetismo. Sin esa multiplicidad de protones, el único elemento que podría existir sería el hidrógeno. Y aunque no tengamos nada en contra del hidrógeno, él de por sí no habría podido producir ningún tipo de organismo, ni aunque la naturaleza se hubiera armado de paciencia y hubiera esperado miles de millones de años.

Además de esto, es necesario que un tercer fundamento, la fuerza de gravedad, no sea ni demasiado débil ni demasiado fuerte, o la existencia de estrellas sería imposible. Y podríamos seguir, pero baste decir que varias docenas (hay quien asegura que hasta doscientas) de parámetros físicos deben ser exactamente como son –con una variación máxima de un 1 o 2%– para que se produzca en las estrellas la fusión nuclear que generará calor y sustento, se formen los planetas y puedan crearse múltiples elementos. En pocas palabras, sí, es un universo perfecto..., y eso que todavía no hemos llegado al proceso de creación de la vida, con su estadio abarrotado de requisitos, como, por ejemplo, mundos que no estén demasiado calientes ni fríos ni llenos de radiación y propiedades específicas de varios elementos sustanciales, como el oxígeno y el carbono, que deben presentar justamente las características que observamos en ellos.

Incluso a nivel local, aquí en la Tierra, la vida sería muy difícil o imposible si no contáramos con esa masiva Luna cercana. De no ser por ella, la inclinación axial de nuestro planeta se bambolearía por naturaleza en todas direcciones, apuntando a veces directamente hacia el Sol, con lo cual estaría cabeza abajo durante meses seguidos y la temperatura sería ni más ni menos que insoportable. Pero nuestro planeta se las arregla para evitar ese caos. La oblicuidad del eje terrestre es esencialmente estable y presenta pequeñas variaciones inofensivas de $\pm 1{,}2°$ en torno a un promedio de $23{,}3°$ respecto al plano de su órbita –aproximadamente a donde apunta en la actualidad–. Si la atracción gravitatoria de la Luna no existiera, nuestro eje de rotación variaría entre los casi $0°$ (lo que significaría que no habría estaciones) hasta los $85°$, es decir, dirigido hacia el Sol, como le ocurre al pobre Urano.

Así que, como vemos, la Luna ha regulado desde el principio el clima de nuestro planeta, manteniéndolo suave y relativamente estable a lo largo de miles de millones de años, gracias a lo cual sus habitantes no hemos tenido que sufrir condiciones periódicas tan hostiles que, a su lado, las glaciaciones habrían parecido leves cambios de la temperatura ambiente.

¿Y cómo conseguimos la Luna? Gracias a la colisión absolutamente oportuna de un cuerpo del tamaño de Marte llegado desde la dirección propicia y a la velocidad correcta: ni tan veloz y gigantesco como para destruirnos ni tan pequeño como para no tener ningún efecto. La dirección también es importante, porque a diferencia de todas las demás grandes lunas del sistema solar, *la nuestra es la única que no orbita alrededor del ecuador de su planeta*. Nuestra Luna ignora la inclinación del eje de rotación de la Tierra. Si orbitara con normalidad, no siempre estaría en nuestro plano orbital ni ejercería por tanto su atracción gravitatoria en alineación con la posición vectorial del planeta respecto al Sol, donde su efectividad es máxima en lo que respecta a estabilizar el eje de rotación terrestre. Otro accidente.

El nuestro es un universo extremadamente improbable. Tanto que incluso los físicos clásicos más recalcitrantes, defensores de la aleatoriedad y ateos proselitistas, admiten que el cosmos es descabelladamente improbable en lo que a albergar vida se refiere. Ni todos los valores favorables de todas sus constantes y valores físicos juntos le conferirían mayores probabilidades de ser lo que es que una entre varios cientos de millones.

Las siguientes ilustraciones muestran unas pocas razones por las que nuestra realidad es extremadamente improbable. Tomadas por separado, cada una de ellas podría considerarse insignificante; pero juntas, estas «coincidencias» han dado lugar a un universo tan asombrosamente apto para la vida que la situación exige una explicación.

¿Se creó por azar nuestro universo, por puro accidente? Si es así, conseguimos repetidamente algo cercano a lo imposible. La nuestra es una realidad extremadamente improbable. El Sol –imprescindible para la vida– no existiría si cualquiera de las diversas constantes físicas básicas del universo tuviera unos valores tan solo un insignificante 1% distintos de los actuales.

Si el Sol hubiera sido significativamente más masivo, habría estallado dando lugar a una supernova hace mucho tiempo. En ese caso, incluso a pesar de tener una estrella masiva en nuestra vecindad celeste, al «hacerse supernova» habría cambiado el flujo de la radiación terrestre.

La Tierra ha recibido el impacto de objetos celestes, pero ninguno lo bastante grande como para destruirla. Habría sido muy distinto de no haber existido el gigantesco Júpiter, que desvía o altera las órbitas de la mayoría de los fenómenos que nos pondrían en peligro.

No habría estrellas ni vida en ninguna parte, ni existiría más elemento que el hidrógeno, si la potente fuerza que existe en el interior de cada átomo fuera siquiera levemente más débil de lo que es.

La exuberancia de la vida terrestre sería imposible sin la presencia de la Luna. Su influencia estabiliza el grado de inclinación de la Tierra, impidiendo así que se produzcan caóticos cambios que habrían hecho de nuestro planeta un lugar inhóspito.

Pero nuestra suerte no acaba aquí, en las propiedades físicas del universo que lo hacen apto para la vida. El *O. tugenensis*, *A. ramidus*, *A. anamensis*, *A. afarensis*, *K. platyops*, *A. africanus*, *A. garhi*, *A. sediba*, *A aethiopicus*, *A. robustus*, *P. boisei*, *H. habilis*, *H. erectus* y *H. georgicus* —entre otras especies de homínidos— se extinguieron todos ellos. Incluso el *Homo Neanderthalensis* se extinguió. Solo nosotros hemos sobrevivido.

145

A la vista de la naturaleza hiperimprobable de nuestra realidad, y nos estamos refiriendo por el momento exclusivamente al nivel físico, muchos científicos suspiran con desaliento y admiten que la ciencia debe dar necesariamente algún tipo de explicación. Esto, a su vez, ha sido para la física una fuerte motivación que la ha llevado a postular ideas como la de las supercuerdas, a la que muchos se adhieren con obstinación, pese al actual consenso sobre el fracaso de esta teoría. La teoría de cuerdas hizo más que alentar la esperanza de que era posible crear una teoría unificada de todas las fuerzas y demás. Hace solo algo más de dos décadas, se llegó a creer de verdad que incorporar a nivel matemático ocho nuevas dimensiones quizá podría explicar por qué el universo es como es.

No es el caso. No lo ha hecho. Por el contrario, la teoría de cuerdas da cabida al menos a 10^{500} «soluciones», por lo que sus detractores la consideran, despectivamente, no una «teoría de todo», sino una *teoría de lo que sea* (y cualquier hipótesis en la que tenga cabida *lo que sea* no explica en realidad nada). La razón por la que sigue resultándoles atractiva a aquellos que se empeñan desesperadamente en explicar la naturaleza improbablemente propicia de nuestro universo es que algunos de sus ya pocos defensores sostienen que el enorme número de posibles soluciones no demuestra que se trate de una hipótesis en la que todo cabe, sino que plantea la noción de innumerables *multiversos*, es decir, universos paralelos en los que se manifiesten las infinitas soluciones.

¿Cómo podría ayudarnos esto a entender nada? Verás, sigue explicando este razonamiento, si de verdad hay 10^{500} universos además del nuestro, cada uno con distintas propiedades aleatorias, la inmensa mayoría de ellos estarán gobernados por leyes hostiles a la vida. Unos pocos de esos multiversos tendrían, por azar, condiciones que permitieran que hubiera vida. Nosotros vivimos en uno de ellos. (¿En qué otro sitio podríamos vivir, si estamos aquí haciendo preguntas?). De este modo, nuestro cosmos, con sus condiciones aparentemente imposibles para que haya vida en él, deja de ser algo tan insólito. Ya no necesita ninguna clase de explicación. El razonamiento de los multiversos basado en la teoría de cuerdas hace que en un instante nuestro universo hiperimprobablemente acogedor experimente una metamorfosis y pase, de ser extraordinario, a no ser digno más que de un ademán de indiferencia. Gracias a dicho razonamiento, la explicación de la realidad basada en la aleatoriedad del cosmos consigue una nueva oportunidad. Y la ausencia de vida es la norma cósmica.

Naturalmente, a la mayoría de los físicos no los convence en absoluto. El físico matemático de la Universidad de Columbia Peter Woit no se anda con rodeos. Explica:

Los físicos consiguieron formular teorías fundamentales interesantísimas a lo largo del siglo XX, pero los últimos cuarenta años han sido difíciles; se ha progresado poco. Por desgracia, algunos teóricos prominentes básicamente se han rendido y han optado por tomar la salida más fácil [...] Dejan que ideas teóricas como la teoría de cuerdas, que han resultado insustanciales y dan cabida *a cualquier cosa*, sigan vivas en lugar de abandonarlas. Es una posibilidad deprimente que la física no sea capaz de llegar más que hasta aquí. Yo sigo confiando en que todo esto sea solo una moda que pronto habrá pasado. Tener una comprensión mayor y más profunda de las leyes de la física es increíblemente difícil, pero está dentro de nuestra capacidad como seres humanos, siempre que no echen por tierra ese esfuerzo aquellos que quieren vender como plausible una no respuesta al problema.

Aplicando el principio de parsimonia, o la navaja de Ockham —la teoría de que la explicación más simple suele ser la mejor—, vemos que el biocentrismo ofrece una explicación alternativa obvia a este universo de condiciones innegablemente improbables para la vida. Concretamente, que es favorable a la vida ¡porque es una realidad creada por la vida!

Dicho esto, vamos a no aceptar *todavía* que la realidad contenga ningún tipo de inteligencia inherente, en oposición a la aleatoriedad insensible y necia. En lugar de eso, pongámonos delante una hoja en blanco y sigamos repasando, sin prejuicios ni en un sentido ni en otro, lo que la ciencia nos ha ido contando a lo largo del último siglo. Para ello, vamos a dar un pequeño rodeo tomando una vía secundaria.

11

AFRONTEMOS LA REALIDAD

Burlaos cuanto queráis, Rousseau y Voltaire:
¡vuestro esfuerzo es en vano!
Lanzáis arena contra el viento
y el viento os la devuelve.

William Blake,
De *El manuscrito Rossetti* (1796)

Este libro ya ha demostrado que el universo no es como el común de los humanos lo percibimos. La ciencia, la lógica y los descubrimientos de los últimos cincuenta años indican que nuestras convicciones generalizadas sobre la realidad distan mucho de ser ciertas.

Pero ahora vamos a tomar un pequeño desvío y a hacer una excursión complementaria. En este capítulo veremos por qué las conclusiones de la búsqueda que nos ocupa perduran además a nivel intuitivo, fuera de la lógica y la ciencia..., cómo forman parte de una gran tradición que se remonta a hace innumerables centurias.

Porque en definitiva, seamos sinceros, una fraseología lo bastante hábil puede parecer que demuestra cualquier cosa —como «demostró» Zenón de Elea que, en una carrera, nunca se podría adelantar a la tortuga—. A los autores de este libro no se les escapa que algunos lectores puedan acabar desechando todos los argumentos racionales y pruebas. Por eso, dedicaremos unos minutos a dar un breve paseo en una dirección distinta. Vamos a explorar una perspectiva más intuitiva, incluso aunque se desvíe del terreno seguro del análisis lógico.

Nadie se sorprenderá de que en esta desviación hagamos un recorrido por Oriente, pues es allí, en el hinduismo y el budismo, donde precisamente estas cuestiones han estado siempre en primer plano. Esta constituye de hecho una diferencia sustancial entre las religiones occidentales y aquellas que hunden sus raíces en el subcontinente indio. En la tradición judeocristiana, la dualidad determina la percepción de la realidad; forman parte fundamental de la vida y el cosmos las relaciones, a menudo acompañadas de tensión y conflictos, entre el individuo y la naturaleza, o entre el «yo» individual y la deidad, que existe separada de él. Son religiones basadas casi siempre en una estructura temporal —así, por ejemplo, la vida presente se contrapone a su meta espiritual, que reside supuestamente en el futuro—, de ahí que para los occidentales sea un principio fundamental la existencia del tiempo. Si unimos a esto los principales mandamientos, de obediencia, correcta práctica de los rituales y cumplimiento de las normas que aseguran una conducta moral digna de aprobación divina, tenemos los ingredientes que componen la mayoría de los capítulos del Talmud, la Biblia y el Corán.

En los tres, el universo tuvo un principio. Solo Dios mora fuera del tiempo, y por tanto Su creación —Todo— existe en una matriz de base temporal. El tiempo desempeña un papel sustancial en cómo «deberíamos» vivir y qué deberíamos considerar más sagrado; porque todo lo bueno, incluida la recompensa a nuestra buena conducta, nos llegará solo en la vida del más allá. Y el más allá no es ahora. Es después. Por tanto, nuestras tradiciones giran en torno a una configuración de la vida basada en el tiempo; y al verlo todo desde esta perspectiva, dividimos el cosmos en diversas partes espaciotemporales, de las que nuestra alma y nuestro cuerpo son solo un fragmento menor.

Esta forma de ver las cosas afecta a todos los aspectos de la vida. Contemplamos la aurora o miramos por un telescopio, y el comentario más común es: «Me hizo sentirme tan pequeño...». En fin, aunque tal humildad parezca admirable sobre el papel, sería una percepción mucho más estimulante sentirse ausente por completo. Ni grande ni pequeño; sencillamente, desaparecido. Solo entonces, sin la desviación y división que causa intentar ser consciente del observador al mismo tiempo, puede la plena experiencia del objeto percibido manifestarse sin distracción.

Compara nuestra visión dualista del mundo con la visión oriental. Somos capaces de comprender esta última a base de leer detenidamente libros, algunos de ellos escritos mucho antes de la Biblia, o a través de las obras de intérpretes modernos como Paramahansa Yogananda, Ramana Maharshi o Deepak Chopra, pero en esencia se reduce a esto: pienses lo que pienses, sean cuales sean tus razonamientos lógicos, los sabios orientales han insistido siempre en que existe una experiencia no verbal de la realidad. Las religiones orientales se fundamentan por tanto en la experiencia. O, si lo prefieres, en la práctica, esencialmente lo opuesto de lo que ocurre con la sabiduría obtenida de las Escrituras, que nos llega siempre de segunda mano incluso aunque la fuente sea digna de confianza. Los conocimientos que nos transmiten las Escrituras son valiosos, pero nada puede sustituir a ver algo con nuestros propios ojos. Un libro puede advertirnos de que la estufa desprende calor, pero basta un solo contacto accidental con la estufa para que nunca necesitemos leer una palabra más sobre el tema.

Hace unos mil trescientos años, en la India, el desde entonces reverenciado Shankara escribió:

> Soy realidad sin principio [...] No participo de la ilusión del «yo» y
> el «tú», «esto» y «aquello». Soy [...] uno sin segundo, dicha sin fin,
> la verdad inmutable y eterna. Moro en todos los seres como [...] la
> conciencia pura, el fundamento de todos los fenómenos, internos
> y externos. Soy tanto el que goza como aquello que produce gozo.
> En mi época de ignorancia, solía pensar que todo esto estaba sepa-
> rado de mí. Ahora sé que soy todo.

En lo que respecta a la experiencia directa de la verdadera naturaleza de la realidad, esencialmente consiste en percibir
la unidad y traspasar los velos de la ilusión que son el tiempo y
la muerte. A esta percepción se le han dado diversos nombres:
realización, iluminación, unión con Dios, *satori*, *samadhi*, nir-
vana y muchos otros. Parece ser que no solamente los santos y
algunos gurús han tenido a través de los tiempos y en el mundo
entero esta experiencia transformadora. También la ha tenido
gente común.

La razón por la que traspasamos la línea y tocamos siquiera el tema en este capítulo, y cometemos una especie de trans-
gresión inaceptable para la ciencia abandonando la evidencia
empírica por un relato anecdótico, es que uno de los autores
(Berman) tuvo de hecho esta experiencia a los veinte años.
Esto ha creado una situación bastante singular e interesante en
lo que a la coautoría del libro se refiere. Uno de nosotros ha
llegado a conclusiones biocéntricas exclusivamente de la mano
de la ciencia y la lógica; el otro, pese a estar plenamente de
acuerdo con la ciencia, suscribe la perspectiva a nivel intuitivo. Por tanto, nos pareció que, en lugar de tratar tímidamente

el tema de la «experiencia directa de la realidad» y limitarnos a citar a otros que han escrito sobre ella, debíamos compartir contigo una experiencia de primera mano, como la relató Berman en 2008.

∗∗∗

Confiamos en el instinto. No necesitamos un manual que nos enseñe a amar, a reconocer el peligro o a dejarnos invadir por el gozo de contemplar un bello jardín. En cambio, cuando se trata de captar la naturaleza de la existencia, nos aventuramos a tientas y dando traspiés por teorías sin sentido, con los ojos vidriosos al oír hablar de las nuevas dimensiones que propone la teoría de cuerdas.

La vida ofrece habitualmente fuentes de conocimiento muy diversas. Pero ¿y cuando se trata de las cuestiones «importantes» de la cosmología y la existencia? ¿Qué instrumento deberíamos usar? ¿La lógica? ¿Las matemáticas? ¿La ciencia? ¿Los textos religiosos? ¿El instinto?

Yo lo descubrí poco después de cumplir los veinte años. Voy a hablar de ello por primera vez.

Estaba en tercer curso de carrera, estudiando en el último momento para un examen. Había aprobado con facilidad la mayoría de los cursos de astronomía pero, desde una perspectiva filosófica, el universo seguía siendo para mí una inmensa entidad misteriosa. Había intentado meditar durante todo el mes anterior, pero no podía afirmar que realmente hubiera experimentado nada revelador. En ese momento estaba preparando un examen de fisiología, y de repente algo que decía el libro sobre la parte visual del cerebro me dio durante una fracción de segundo una percepción instantánea de que la distinción entre «externo» e «interno» es irreal. Luego, esa comprensión intelectual se convirtió bruscamente en algo diferente.

Fue como si me quitaran de encima un gran peso que nunca me había dado cuenta de que llevara a cuestas. Comenzó una experiencia inefable y transformadora. Lo más aproximado que puedo expresar es que de repente «yo» había desaparecido, reemplazado por la certeza de ser el cosmos entero. Había paz absoluta. Sabía con toda confianza, no por lógica –pues, como he dicho, Bob ya no estaba presente–, que el nacimiento y la muerte no existen. Que todo es eternamente perfecto, que el tiempo es irreal y que todo es uno. La dicha era superior a nada que hubiera podido imaginar. Quizá sería mejor definir aquella certidumbre que me traspasaba hasta la médula como un *reconocimiento*, una ancestral familiaridad de estar en Casa.

Cuando la intensa experiencia inicial se desvaneció, la habitación volvió a estar presente y tenía otra vez delante los libros de textos. Solo que ahora todo había cambiado sustancialmente. Llamemos a este el «segundo nivel de la experiencia». Seguía sin tener ni la menor sensación de ser un «yo» separado, un observador que desde fuera contemplara el mundo. Todo era una unidad, y yo era cada objeto en el que se posaban mis ojos. Era como si antes la conciencia hubiera estado confinada, desde hacía mucho, igual que un canario en una pequeña jaula, y la falsa sensación de ser un individuo pensante separado, aislado, se hubiera desvanecido. Los objetos habían dejado de ser cosas separadas que existían en el espacio; todo formaba parte del mismo *continuum*.

Cuando una persona entraba en el campo de visión, yo *era* esa persona. El universo era una entidad desde siempre y para siempre. No había miles de millones de seres humanos y animales. Había *una* entidad viviente e inmortal. (Y no, por si te lo estás preguntando, la experiencia *no* estuvo inducida por ninguna sustancia química). Si lo que digo suena fabuloso, en fin, no hay palabras que pudieran ni empezar a transmitir aquella claridad.

La experiencia duró tres semanas, durante las cuales no me cruzó la conciencia ni un solo pensamiento. Luego, la habitual corriente de cháchara mental, de ser un individuo, un observador, volvió..., acompañada de la desaparición de la paz y la unidad. Fue terrible.

Después, me fui de viaje. Recorrí principalmente el mundo oriental; estuve en treinta y cinco países. Lo probé todo, leí libros espirituales. Hubo momentos en que recuperé aquel «segundo nivel» de percepción menos intenso, pero nunca la experiencia completa. Los libros espirituales decían que ha habido personas de todas las culturas que a lo largo de los siglos han tenido esa misma experiencia, a la que se le han dado nombres diversos, como iluminación, despertar, etcétera.

En realidad, casi todo el mundo ha tenido momentos, quizá contemplando la naturaleza, en que ha sentido una súbita corriente de dicha inefable, de «salirse de sí» y básicamente convertirse en el objeto observado. El 26 de enero de 1976, una encuesta publicada en la revista del *New York Times* revelaba que, como mínimo, el 25% de la población ha tenido al menos una experiencia que describían como «un sentimiento de unidad con todo». Al parecer no es tan inusual.

Este es el relato personal de uno de los autores. Si es puro delirio, resulta extraño entonces que sea fiel reflejo de otros tantos relatos procedentes de distintos siglos y culturas. Relatos que, además, plantean una cuestión de carácter muy distinto: ¿qué podría dar lugar a semejante cambio de percepción? ¿Cómo pueden alterarse tan profundamente los circuitos neuronales como para crear un universo enteramente distinto, un universo que no concuerda con los paradigmas cotidianos?

Ya sabemos que ciertas drogas psicodélicas al parecer pueden producir un efecto similar, aunque no está garantizado que vaya a ser así, puesto que la mayoría de la gente que las prueba no tiene esa experiencia. Parece ser que un traumatismo craneal, ciertas anomalías cerebrales congénitas y también algunas técnicas, como determinadas prácticas de yoga, son capaces asimismo de alterar el estado de percepción.

Uno de los autores (Lanza) lo explica así:

> Basta con cambiar la entrada de datos y cómo los interpreta el detector (el cerebro y su complejo sistema neuronal de percepción) para percibir la realidad de modo diferente. Por tanto, no podemos confiar en que nuestro primitivo cerebro animal nos dé una imagen exacta de lo que *realmente* está aconteciendo. En lo que a la experiencia de una «única entidad» se refiere, dicha interconexión coincide con el *estado global cuántico* (que estudiaremos en el capítulo diecinueve). Si pudiéramos experimentar la totalidad del conocimiento –todo lo posible (es decir, todo lo que puede experimentarse en el espacio y el tiempo)–, la sensación individual de separación se desvanecería, precisamente lo que sucede en los experimentos de entrelazamiento y lo que los místicos parecen describir.

Lo que esto nos dice es que podemos reestructurar los circuitos neuronales del cerebro a fin de experimentar unidad en lugar de separación. El hecho de que ocurra espontáneamente pero no a la mayoría de la personas podría significar simplemente que no sería una cualidad ventajosa desde el punto de vista evolutivo. Que todo el mundo se dedicara a pasear sonriendo plácidamente quizá no fuera coherente con la naturaleza de la vida, pues nos haría tomar decisiones y caminos de evolución muy distintos de los actuales.

Respecto a aquellos que no habéis tenido esta experiencia o leéis estas líneas con escepticismo, creo que probablemente estemos todos de acuerdo en que el mero hecho de que algunas personas presumiblemente de confianza informen de haberla vivido es prueba de algo indiscutible: que los circuitos neuronales se pueden manipular con suma facilidad. A su vez, esto ilustra lo subjetiva que es en realidad nuestra perspectiva del mundo. Hasta el propio cosmos muta como resultado de las modificaciones y ajustes biológicos.

Lanza recuerda: «En la facultad de medicina, me acuerdo de un paciente que había sufrido un accidente horroroso: una vara de metal le había atravesado el área visual del cerebro. Se quedó ciego, no veía nada. Sin embargo, si le acercabas de frente un palo en sentido horizontal, lo esquivaba, aunque no lo veía».

En la actualidad estos casos se denominan «vista ciega», y son un ejemplo más de lo íntimamente entretejidos que están los circuitos neuronales que conforman las realidades individuales y de cómo crean el universo, es decir, esencialmente definen la realidad, de modos que estamos empezando a comprender.

El 22 de diciembre del 2008, el fenómeno fue noticia de primera plana en el *New York Times*, que publicó un artículo sobre un hombre al que dos embolias sucesivas le habían dejado totalmente ciego. La cuestión que se planteaba era si percibir el mundo visual es la única forma que tenemos de verlo.

Un neurocientífico de la Universidad de Harvard hizo una prueba muy singular. Le pidió al paciente que intentara abrirse paso por un circuito sembrado de obstáculos. A regañadientes, el paciente accedió, y lo que sucedió a continuación fue asombroso. «Avanzó zigzagueando por la sala, sorteando a su paso un cubo de basura, un trípode, una pila de papeles y varias cajas, igual que si lo viera todo con claridad», explicó el investigador, quien había caminado en todo momento a su espalda por si tropezaba.

Lo que «vemos» es una compleja construcción generada en el cerebro. Una de las pruebas más claras de ello es el fenómeno neurológico denominado «vista ciega». Los pacientes están ciegos a consecuencia de un traumatismo o lesión en la corteza cerebral estriada, o corteza visual primaria. A pesar de estar ciegos, son capaces de abrirse paso por un circuito de obstáculos e incluso reconocer un rostro que infunde miedo.

«Había que verlo para creerlo», dijo el neurocientífico de Harvard, cuyo artículo se publicó en la revista científica *Current Biology* acompañado de imágenes detalladas del cerebro. En otras palabras, tenemos una facultad innata para percibir las cosas valiéndonos del primitivo sistema cerebral subcortical, que tiene un funcionamiento enteramente subconsciente. Es un sistema visual, pero evita las habituales vías de percepción visual del cerebro y emplea modalidades distintas de las imágenes normales que utilizan luz y color.

El estudio más reciente, el primero en mostrar el fenómeno de la vista ciega en una persona cuyos lóbulos visuales habían quedado completamente destruidos, impone una conclusión que ya debería ser obvia. El cosmos se percibe, y se convierte en lo que es, por la acción de nuestros circuitos neuronales.

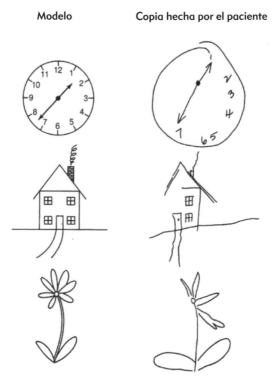

Modelo   **Copia hecha por el paciente**

Numerosos trastornos médicos demuestran lo subjetiva que es nuestra visión del mundo. Cualquier alteración de las conexiones o circuitos neuronales puede cambiar radicalmente nuestra percepción de la realidad. En este caso, por ejemplo, un paciente que padecía negligencia hemiespacial (a consecuencia de una lesión del lóbulo parietal derecho del cerebro) percibe solo un lado del mundo e ignora la otra mitad cuando realiza una tarea. Los dibujos de la derecha son los que hizo el paciente al intentar reproducir los modelos de la izquierda.

La vista ciega puede ser un ejemplo más de algo que podríamos llamar *conocimiento implícito*. El conocimiento implícito consiste en información útil que existe por debajo del nivel plenamente consciente, y que sin embargo se utiliza a diario para realizar tareas como caminar y movernos sin chocar contra los objetos que nos rodean, tomar decisiones instantáneas y comunicarnos con los demás tanto verbalmente como por escrito. No es necesario sufrir una lesión cerebral que nos deje ciegos a nivel cortical para experimentarlo; incluso un cerebro que funcione con normalidad manifiesta vista ciega en el plano afectivo.

Dicho de otro modo, normalmente respondemos a los estímulos, e incluso a información emocional más sutil, sin ser conscientes en absoluto del proceso. Puede que un jugador «por reflejo» agache la cabeza en el campo de fútbol si la pelota está a punto de golpearlo, mostrando así un nivel de percepción que existe además de los canales de visión normales.

Cuando a un adulto que presenta ceguera cortical se le muestran fotografías de caras alegres o que dan miedo, se produce en él una activación mensurable de la amígdala, la parte del cerebro asociada con el procesamiento emocional. Lo interesante es que el resto de la gente, que no sufre ningún daño cerebral, manifiesta reacciones de la amígdala similares cuando se le muestran esas imágenes emocionales evocadoras a velocidad inferior al umbral mínimo de percepción consciente.

En definitiva, la vista ciega —percibir sin hacer uso de las vías fisiológicas normales— está al alcance de cualquiera. Incluso de los animales. En el 2015, se descubrió que hay al menos una especie de pulpo capaz de percibir luz sin ayuda de los ojos o el cerebro.

«Estupendo —te estarás diciendo—, la percepción depende de diversos mecanismos cerebrales, algunos de ellos prácticamente desconocidos hasta el momento. Pero, aun así, ¿queréis decir que no hay un universo visual "ahí fuera" que existe independientemente de nuestros circuitos biológicos? ¿No tienen existencia independiente los colores del atardecer y el cielo azul? ¿No están ahí fuera esperando a entrar por las ventanas transparentes de nuestras lentes oculares y los receptores visuales del lóbulo occipital de algunos animales conscientes para que podamos percibirlos y gozar de ellos? ¿Cómo demuestran las experiencias que se han mencionado la unidad del sujeto y el mundo natural?».

De los muchos aspectos del biocentrismo, este es afortunadamente el más sencillo de demostrar. Pues de todas las concepciones erróneas comunes, la idea de que contemplamos el mundo desde fuera o desde arriba es la que puede refutarse más fácilmente.

12

¿DÓNDE ESTÁ EL UNIVERSO?

Here, There and Everywhere
[Aquí, ahí y en todas partes]
John Lennon y Paul McCartney,
título de una canción (1966)

Para algunos animales, es primordial el sentido del tacto, o del olfato. Para otros, el más importante es el oído. Pero los seres humanos dependen fundamentalmente de la vista. Para explorar el ámbito celeste que existe más allá de nuestro planeta, no disponemos de nada más. No podemos sostener en las manos el universo, ni podemos olerlo, y el espacio es absolutamente silencioso, lo cual significa que la colisión entre pequeños asteroides y el tumultuoso nacimiento de las galaxias se producen en silencio. A nosotros, el conocimiento del cosmos nos llega exclusivamente por cortesía de los fotones.

Desde hace un siglo, sabemos que la luz está compuesta por ondas de magnetismo y ondulaciones eléctricas que viajan en ángulo recto respecto a él. Pero ni el magnetismo ni la electricidad tienen color o luminosidad inherentes, y por tanto incluso aunque constituyeran un universo independiente más allá de la conciencia, tendría que ser absolutamente invisible. Vale la pena repetirlo: en el mejor de los casos, cualquier universo externo, separado, habría de ser un universo invisible, o negro.

Y sin embargo, mira a tu alrededor. Estamos incrustados en un mundo de intenso colorido y belleza. Hasta el advenimiento de la mecánica cuántica hace un siglo, se daba por hecho que las lentes de nuestros ojos eran como ventanas transparentes que nos permitían percibir con precisión lo que hay «ahí fuera», y esta sigue siendo la opinión del público en general incluso hoy en día. Pero como sabemos sin sombra de duda que lo que está «ahí fuera» no puede ser más que un campo magnético y eléctrico, es obvio que somos nosotros —nuestros circuitos neuronales— los que creamos los colores y diseños.

Los mecanismos biológicos responsables de la vista se estudiaron durante siglos, y el camino estuvo sembrado alternativamente de errores y grandes descubrimientos triunfales. Los primeros filósofos rechazaron de plano que el color y la luz tuvieran nada que ver con un mundo externo. Así, en el siglo IV a. de C., Platón escribió que la luz se origina *dentro* del ojo, y con sus rayos «aprehende los objetos». Pero seis siglos después, el afamado físico Galeno discrepó, sosteniendo que la vista es una función de un *pneuma* óptico (con esto quería decir que fluye desde el cerebro hasta los ojos a través de nervios ópticos huecos). Esta idea de que el cerebro era sustancial para la vista puso la percepción concebida por Galeno durante quince siglos a la cabeza de cualquier otra.

Actualmente, todo texto de fisiología da una explicación clara de cómo vemos lo que está «ante nosotros». Primero, la luz penetra la lente de cada ojo (de seis milímetros de grosor), que proyecta, invertida, la imagen enfocada en las dos retinas. Allí, al menos a plena luz, ya que la visión con luz tenue emplea unos mecanismos diferentes, seis millones de células cónicas (de las que existen tres variedades, cada una de ellas sensible principalmente a los colores primarios de la luz, azul, rojo y verde) se estimulan solo al recibir energía de determinado rango de longitud de onda. Al estimularse, envían señales eléctricas a través de un cableado muy resistente a un asombroso universo de neuronas diseñadas para crear imágenes tridimensionales.

La mayor parte de esta estructura visual reside en el área posterior del cráneo, en el lóbulo occipital, donde más de diez mil millones de células y un billón de sinapsis crean el mundo que experimentamos. Es solo aquí, mantienen los textos de fisiología, donde ocurre la realidad visual. Es aquí donde la luminosidad y el color se crean y perciben.

Y todo parece estar claro; hasta que nos damos cuenta, quizá sin proponérnoslo, de que acabamos de describir tres mundos visuales diferentes. Está el mundo externo, el que tenemos delante: el ámbito al que presumiblemente nos enfrentamos, o el que miramos. Luego están las imágenes visuales invertidas en la retina, formada por esos seis millones de células cónicas. Y finalmente, está el tercer reino visual, en el cerebro o la mente, donde de hecho las imágenes se construyen y se perciben.

Tres ámbitos visuales. Y sin embargo, a nosotros nos parece que haya uno solo. No vemos doble, mucho menos triple. Así que *¿cuál* de ellos es? Cuando ahora miramos la ventana que hay al otro lado de la habitación, a cuatro metros de distancia, es legítimo preguntar: «¿Dónde está situada? *¿Dónde* está el universo?».

El lenguaje y la costumbre indican que está fuera de nosotros, que está «ahí fuera». Pero unos cuantos científicos saben que no es así, que, en realidad, todo ocurre exclusivamente dentro de nuestra cabeza.

Aunque la cuestión, en última instancia, es igual de indiscutible que la gravedad, para captarla de lleno se hace imprescindible tener la mente abierta y una escrupulosa lógica, ya que contradice el lenguaje y la costumbre de toda una vida.

Por tanto, antes que nada, es importante que entendamos con claridad *dónde* ocurre la experiencia visual, dado que esta cuestión aparentemente intrascendente tiene enormes implicaciones. La respuesta: la crean esos billones de sinapsis en el cerebro. Estamos hablando de una ingente cantidad de procesos biológicos. Si decidiéramos hacer un simple recuento de las conexiones neuronales dedicadas a la visión y lo hiciéramos a un ritmo de una por segundo —no hablamos de examinarlas, sino solo de contarlas de una en una—, tardaríamos treinta mil años. Esta inmensa cantidad de estructura fisiológica consume muchísima energía. Y la naturaleza, como todos sabemos o sospechamos, no hace las cosas sin un motivo. Así que vamos a no subestimarla: el ámbito visual se percibe exclusivamente aquí. No hay múltiples mundos visuales. Hay un solo reino visual y lo percibimos con claridad; es el que está ocurriendo dentro de nuestro cráneo.

El cuadro que cuelga de la pared «allí», al otro lado de la habitación, está de hecho dentro de tu cabeza. Ya, siempre habías imaginado que el interior del cerebro debía de ser un sitio blandengue y oscuro, a pesar de haber leído que lo recorren complejas señales eléctricas y energías de gran vitalidad. Pero ahora sabes cómo es el interior del cerebro: están ahí el cuadro, la ventana que hay a su lado y el cielo azul. Todo está dentro de la mente. En realidad, incluso tu cerebro y el resto de tu cuerpo son representaciones que hay en tu mente.

«Pero —protestarás— ¿entonces no hay dos mundos: el mundo externo "real" y luego otro mundo visual separado que está dentro de la cabeza?». No, solo hay uno. Donde se percibe la imagen visual, es donde está en realidad. No hay nada aparte de la percepción. ¿Cómo podría haberlo?

«¡La gente está tan convencida de que mira el mundo que está "ahí fuera"! —dice el físico canadiense Roy Bishop, editor jefe del manual para el observador que publica anualmente la Real Sociedad Astronómica de Canadá—, que jamás deja de sorprenderse de que la mayoría de la gente no comprenda lo que es obvio». Pero la ilusión de un mundo externo proviene del lenguaje. Todo aquel con quien nos encontramos participa de la misma charada. No es malévola, sino útil, y así por ejemplo decimos: «Por favor, pásame la sal que está ahí», pues ¿de qué serviría pedir el salero que está «dentro de tu cabeza»? Es lo habitual, aludir al mundo como si existiera fuera de nosotros.

«De acuerdo —quizá digas ahora, con algún reparo—, puede que la ventana esté dentro de mi cerebro, pero ¿y qué me decís de las yemas de los dedos? ¿No definen los límites exteriores de mi cuerpo?». No, no lo definen. Esos dedos están también dentro de tu mente. Son una representación mental —en forma táctil cuando experimentas el tacto y visual cuando te miras las uñas y piensas en cortártelas o comértelas—, y ellos también residen en la mente. *Son una representación de tu cuerpo, que a su vez existe en tu mente.* La ventana que hay al otro lado de la habitación y el cuadro que cuelga de la pared no están más lejos de ti que tus dedos. Están dentro de la mente tanto los unos como los otros.

Por supuesto, normalmente definimos la distancia como la aparente separación entre nuestro *cuerpo mental* y, por ejemplo, ese árbol *mental*. Nuestras *piernas mentales* requieren esfuerzo y un largo intervalo antes de llegar al árbol que está asimismo dentro de la mente. De modo que lo llamamos separación o espacio o distancia, y eso no supone ningún problema, es la forma en que todos expresamos las cosas, así como la forma en que se relaciona la representación mental de nuestro cuerpo con los demás objetos que hay en la mente. Y, qué duda cabe, puede costarnos

La realidad es un proceso activo que requiere necesariamente la acción de la conciencia. Todo lo que vemos y experimentamos es un torbellino de información que tiene lugar en la mente y toma forma gracias a unos algoritmos (representados aquí por ceros
y unos digitales) que crean luminosidad, profundidad y un sentido del tiempo y el espacio. Incluso en sueños, nuestra mente puede organizar la información y convertirla en
una experiencia espaciotemporal de cuatro dimensiones. «Estamos ante el gran enigma del mundo –dijo Emerson–, allí donde el Ser adopta Apariencia y la Unidad adopta
Variedad».

un poco acostumbrarnos a pensar que un paseo ocurre exclusivamente de una parte de la mente a otra y que la representación mental de nuestro cuerpo en ningún momento está separada de cualquier otra cosa que observemos en el mundo. Sin embargo, esta es la verdad.

Los colores los creamos nosotros. La totalidad del universo visual está ubicada aquí, no ahí fuera. «Ahí fuera» sencillamente no tiene sustancia, no existe.

Ahora bien, si «eso» está dentro de mí, significa en el más concreto de los sentidos que todo lo que veo es «yo». No tengo fin; lo que soy no termina ni en la Luna ni más allá…, al menos visual, aural y perceptualmente.

Pero ¿no puedo establecer una frontera entre yo y el otro al menos en lo que a control de mi cuerpo se refiere? Porque es obvio que puedo aplaudir con mis manos pero no mover los dedos de tus pies, así que parece haber algún tipo de demarcación práctica y real.

Desafortunadamente, también esto del control puede ser un asunto muy peliagudo. La mayoría pensamos que tenemos control sobre las cosas, incluso aunque las decisiones surjan en nosotros espontáneamente. Desconocemos cómo tomamos una decisión, es algo que simplemente ocurre. No sabemos cómo hacer que lata el corazón ni cómo realizar las quinientas funciones del hígado. Ni siquiera sabemos cómo logramos chasquear los dedos al compás de la música, porque, si lo pensáramos, son demasiados los músculos y movimientos nerviosos que intervienen, y la verdad es que cómo los dirigimos nos resulta un misterio. Los chasqueamos y punto. Y a pesar de que la mayoría de la gente (aunque no Albert Einstein) esté convencida de que tiene libertad para controlar su cuerpo, su mente y su vida, son muchas las pruebas experimentales que desde 1998 revelan que quizá también esto sea una ilusión. No vamos a «ir tan lejos» y a examinar la aparente dicotomía, debatida desde hace mucho lo mismo por científicos que por filósofos, de si nuestra vida opera por vía del libre albedrío o del determinismo, o si se desarrolla espontáneamente, o incluso si atiende a un cuarto proceso que todavía no nos hemos planteado. Lo importante en este momento es comprender que es ilusoria la separación entre yo y el otro, el interior del cuerpo y el exterior y la oposición entre nosotros y la naturaleza, todos ellos conceptos relativos, resultantes de aún más conexiones neuronales que nos transmiten hipótesis de la realidad que colectivamente hemos dado por ciertas.

Necesitamos dejarlos todos atrás. Necesitamos averiguar qué es básica y esencialmente real, en esta aventura de intentar comprender la naturaleza del cosmos. Para ello, tener la percepción cierta de que todo lo visual ocurre en nuestra mente probablemente sea el mejor punto de partida. Que por lo general esto provoque miradas de perplejidad no es sino consecuencia de haber creído algo muy distinto durante años.

A principios del 2015, le preguntamos al doctor Bishop si podía hacernos alguna sugerencia para ayudar a la gente a «captarlo». Estas son dos de ellas.

Primero, la luz viaja desde el llamado «mundo externo» hasta nuestros ojos. La mayoría de quienes tengan un mínimo conocimiento de ciencia estarían indudablemente de acuerdo con esto. Sin embargo, la mayoría de la gente cree que mira «fuera» al mundo exterior. ¿No sugiere la contradicción de estas dos ideas que una de ellas ha de estar equivocada? Por desgracia, el propio lenguaje refuerza precisamente la idea errónea: decimos «mira dentro» del armario, «mira al otro lado» de la calle, «mira al» horizonte, «mira por» el telescopio... A pesar de reconocer en qué dirección viaja la luz, casi todo el mundo piensa que mira «a» las cosas, ¡que su mundo visual coincide espacialmente con un ámbito externo!

Segundo, que el color no tiene existencia externa al observador es más difícil de apreciar, ya que diversos fenómenos cromáticos pueden explicarse «satisfactoriamente» basándolos en los cuatro tipos de células de la retina que se activan por efecto de la luz: tres tipos de conos, sensibles respectivamente al rojo, al verde y al azul a plena luz, y un solo tipo de células con forma de bastón que responden a la luz tenue (es decir, visión fotópica y escotópica, respectivamente). La ausencia de color en una escena iluminada por la Luna en cuarto creciente o menguante, la «ceguera» al color, fenómenos de contraste que pueden generar sensaciones de intenso colorido y otros casos similares pueden explicarse todos sosteniendo que los conos de la retina son «receptores del color», como si los colores formaran parte del mundo externo. *Mientras que no «captemos» que no miramos «fuera», que nuestro mundo visual es una sensación privada que tiene lugar en lo profundo de nuestro cerebro, que todas y cada una de las escenas visuales que experimentamos residen ahí,* no nos será posible comprender que es también ahí donde se generan esas tonalidades indescriptibles. Desde el punto de vista evolutivo, son obvias las ventajas de poder percibir tonalidades del espectro visible, de modo que el cerebro desarrolló una forma sencilla de permitir dicha discriminación espectral: mediante sensaciones de tonalidad.

No es necesario negar el mundo externo. No tenemos por qué decir que no existe. Basta con no dejarnos engañar por la convención de que «miramos al» mundo exterior y de creer, simultánea e igual de equivocadamente, que en algún lugar dentro de nuestro cráneo existe un mundo visual separado, pese a ser aparentemente imperceptible.

Lo importante es comprender que la idea de que existen esos dos mundos es ilusoria. Que el mundo que vemos *es* la percepción visual alojada dentro de nuestra cabeza.

Salvo en las convenciones del lenguaje, no hay en realidad un «yo» que realice el acto de «mirar hacia fuera». El «yo» es una figura retórica que no corresponde a nada; es igual de vacuo que la palabra *estar* en la frase «estar vacío». Todo lo que vemos *es* la mente. Podemos pensar que la cubertería de plata dispuesta sobre la mesa está delante de nosotros, pero su verdadera ubicación es el interior de nuestro cráneo. Tanto es así que, con un poco de ingeniería genética, probablemente podrías conseguir que todo lo que sea de color rojo se mueva, o haga ruido, o incluso te dé hambre. O te despierte el deseo sexual (ese es el efecto que tiene ese color en algunos animales). ¿Cómo es posible que manipular los circuitos de tu cerebro altere un universo externo?

Aprehender el cosmos como entidad única e inmortal, sinónimo de conciencia, puede requerir múltiples etapas de razonamiento lógico o puede sobrevenir súbitamente, como una revelación transparente e instantánea. Lo mismo que en esas ilusiones ópticas en que un grupo de estrellas parece caer en picado, y luego de repente todo cambia y se percibe de un modo completamente distinto, ver la realidad puede ser igual de repentino..., una experiencia en verdad maravillosa.

De ahí que hoy se invierta tanto tiempo en indagar en torno a esa visión: «¿Cuánta gente hay en el mundo que vea la realidad?». Cuando le hicimos concretamente esta pregunta al doctor Bishop, nos dio una respuesta estupenda:

¿Que si he conocido personalmente a alguien que «vea» la realidad? Tengo un amigo al que conozco casi de toda la vida. Hemos hablado de muchas cosas en todos estos años, incluida la vista. Él «lo capta», como demuestra este texto que escribió hace un par de años como pie de foto de un paisaje otoñal para el calendario que publicaba una asociación de historia natural:

> Este paisaje otoñal muestra una fiesta de color típica de la estación. Se reflejan rayos de luz (ondas electromagnéticas de diversas frecuencias) de las hojas [...] y el cerebro las procesa formando una imagen dentro de la oscuridad del cráneo. Por obra de una misteriosa proyección mental, tenemos la poderosa impresión de que la imagen que experimentamos está ahí fuera, alejada de nosotros. Es una ilusión maravillosa.

No hay que ser un genio. No hace falta saber matemáticas, y basta con tener unos conocimientos mínimos de ciencia. En realidad, «ver» cómo son las cosas significa simplemente romper por completo con cómo había creído uno que funcionaba el sentido de la vista desde que era pequeño. La vista opera con tal perfección, tal facilidad, tan maravillosamente, sin que su dueño tenga que hacer ni el menor esfuerzo, que supone un gran salto de percepción e introspección pasar de la ingenua convicción de que su mundo visual coincide en el espacio con el mundo externo a la comprensión de que la luminosidad, los detalles, los colores y la tridimensionalidad solo pueden residir en la oscuridad absoluta del interior de su cráneo. Es un gran salto mental, que al parecer a la mayoría de la gente le resulta no solo difícil sino imposible de dar. Es tan fácil dejarse confundir por las engañosas concepciones generalizadas... Incluso entre los científicos, que en su mayoría nunca han pensado mucho en el tema de la vista, me atrevería a decir que menos de un 10% «lo capta», posiblemente mucho menos. El porcentaje será por supuesto mayor en el campo de la fisiología y la psicología de la percepción.

En mi caso, era ya doctor en física cuando comprendí dónde residía mi mundo visual, cuando me di cuenta de que los colores y la luminosidad son sensaciones que aporta el cerebro. Tuve esta revelación en el otoño de 1969 mientras leía un librito titulado *The Rays Are Not Coloured* [Los rayos no son de colores] que publicó W. D. Wright en 1967. Utilizó para el título palabras tomadas del clásico *Opticks* [La óptica] de Newton, escrito en 1704. Newton fue el primero en «captarlo». El hecho de que comprara y leyera el libro de Wright indica que finalmente, a los treinta años, tenía yo la madurez necesaria para dar ese salto de comprensión. Todo esto no es sino uno de los aspectos mágicos del mundo, un aspecto que ayuda a hacer tan interesante esta vida breve.

Solo te pedimos, lector, que dejes que esta nueva perspectiva de la visión penetre en ti, te cale hondo.

«Lo único que podremos percibir, ahora y siempre —dijo George Berkeley, que ha dado nombre a una ciudad y una universidad—, son nuestras percepciones».

Sin percepción, no hay universo. Conciencia y cosmos están correlacionados. Son uno.

13

INFORMACIÓN, POR FAVOR

El puro pensamiento lógico no puede darnos conocimiento
alguno del mundo empírico; todo conocimiento de la realidad
empieza con la experiencia y termina en ella.

Albert Einstein,
Mis ideas y opiniones (1954)

La realidad es un torbellino de información en la mente. Esto significa que absolutamente todo, desde los árboles de «ahí fuera» hasta nuestro sentido del tiempo y la percepción de la distancia, lo construyen y perciben continuamente unos sistemas de información de origen biológico raudos como la centella. Vamos a examinar cómo funcionan.

A veces se dice que todos los objetos móviles, no solo las criaturas sintientes, se mueven en respuesta al estímulo de la información. El granizo percibe la información de un campo gravitatorio y responde en consonancia. Según la mayoría de las definiciones, la información actúa mediante un intercambio de energía, de modo que el bit de hielo que cae está de hecho interrelacionándose con el campo a través de su contribución a la masa del planeta. Todavía más obvio: es siempre mediante una absorción de energía como tú mismo obtienes cualquier conocimiento; por ejemplo, captando una corriente de fotones, como las palabras de esta página, que te llegan por medio de la luz reflejada en el libro, o reconociendo el significado de los cambios de la presión atmosférica —el «hola» que te grita un amigo—. Si definimos la información como todo lo que interviene en las relaciones de causa y efecto, significa que las interacciones de información son continuas y omnipresentes a todos los niveles.

Hay quienes establecen categorías dentro de esto, sosteniendo que esa información no requiere necesariamente la intervención de un observador dotado de percepción sensorial, como cuando un cometa «responde» al viento solar apuntando su cola en dirección opuesta al Sol. En ese caso, se puede argumentar que prácticamente todo es información, para la cual cada disciplina científica tiene sus propias categorías y sistemas de nomenclatura. Algunas de ellas son de hecho relevantes para la conciencia y la percepción, aunque solo sea a nivel abstracto. Pero si cada intercambio posible de energía en el ámbito de la física, la química y la biología se considera un encuentro de información —como por ejemplo la unión de átomos de hidrógeno y oxígeno para crear una molécula de agua, lo cual ocurre en menos de una billonésima de segundo—, el concepto se vuelve tan vago que es casi ilimitado lo que podemos caracterizar como transferencias de información.

Por el contrario, si empleamos el término *conocimiento*, en el intercambio debe intervenir un organismo sintiente. Sin embargo, dado que, como ya hemos dicho, el biocentrismo sostiene que todo está incluido en la conciencia y no existe nada sin la presencia de un observador, utilizaremos el concepto de *información* en un sentido amplio.

Con todas las definiciones y clasificaciones hechas hasta ahora, vamos a estudiar los sistemas conscientes de origen animal y también cómo se interrelaciona con ellos la tecnología actual, favoreciendo índices altísimos de adquisición de conocimientos, a unos niveles que desafían las capacidades de absorción dictadas por la propia estructura del cerebro.

Aunque la conciencia entraña grandes misterios fundamentales, no sería desacertado considerarla una avalancha de información presente en el cerebro, que es en sí una amalgama de mecanismos de codificación, convencionalmente llamados externos e internos, que permiten a la mente crear un vasto mundo para entender el sentido de las cosas a múltiples niveles.

Muchos de estos algoritmos de información no es necesario aprenderlos; están integrados en nosotros desde antes de nacer. Es fascinante la cantidad de tareas complejas que los animales somos capaces de realizar sin pensar en ellas, derivadas solo de nuestra programación genética. Incluso las plantas, que no han estudiado nada, responden automáticamente al viento, a la gravedad, a la dirección de la luz, al agua y a otra diversidad de impulsos, como veremos en el capítulo quince. En cualquier caso, la primera cuestión importante que se debe considerar en lo que al intercambio de información se refiere tiene que ver con la metodología: con si los conocimientos se obtienen directa o indirectamente. Una información directa podría ser sentir el calor del sol. Sin intervención del lenguaje ni de ningún intermediario, sientes claramente la calidez del sol por vía del sistema nervioso, y su realidad es por tanto indiscutible. (Aunque, para los polemistas, *todo* es potencialmente discutible. En este caso, si queremos ser puntillosos, solo percibes de hecho que los átomos de la piel se mueven más deprisa: esos átomos que se mueven con rapidez son lo que llamamos calor. La luz solar infrarroja, invisible, que los seres humanos no podemos percibir directamente, estimula los átomos de la piel e incrementa su movimiento. Así que cuando nos deleitamos en el calor del sol un día de primavera, lo que en realidad sentimos es la aceleración de los átomos epidérmicos causada por una forma de luz invisible. Aun con todo, es una experiencia directa).

Por el contrario, la información que acabas de leer no era directa en absoluto. Esa explicación sobre la luz infrarroja la has adquirido por medio de símbolos –palabras–, cada uno de los cuales tiene un significado añadido a lo que es en sí; la palabra *sol* no es el verdadero sol. El conocimiento simbólico es representativo y, a diferencia del conocimiento directo, está sujeto a revisiones y posibles mejoras futuras. Eso no significa que no sea real. Sin lugar a dudas, en tu cerebro se han establecido conexiones neuronales, físicas, reales, después de leer el párrafo anterior, sobre todo si te ha parecido interesante. No solo eso, sino que la advertencia que te hace el camarero de que tengas cuidado con la sartén de hierro que acaba de colocar en la mesa, porque quema, te transmite una información igual de válida que si la hubieras adquirido tocando inadvertidamente el metal. No es que un método sea superior al otro en cuanto a eficacia para la adquisición de conocimientos.

Un perro que ladra para alertar a otros perros del vecindario es un buen ejemplo de información secundaria. Los demás canes captan un significado en el tono, el volumen, la frecuencia y el apremio de los ladridos del primer perro e instintivamente entienden que quiere decir algo, algo enteramente distinto al sonido del ladrido en sí. Entienden que significa «se acerca un extraño», y reaccionan a esa información.

Por tanto, la información simbólica, indirecta, no es nada desdeñable. Algunas formas de este tipo de información son poco menos que fascinantes. Los delfines tienen la facultad de emitir una serie de sonidos extremadamente complicados que implantan una imagen en la mente de otros delfines. Pueden crear y transmitir una representación gráfica detallada de algo de interés –un banco de peces suculentos que acaban de detectar, por ejemplo– y quizá hasta incluir en la imagen una especie de caracteres en cursiva para resaltar ciertas zonas.

Nosotros los humanos utilizamos ambos modos de adquirir información, y generalmente lo hacemos sin prestar mucha atención a la diferencia entre ellos. En lo que respecta al método físico de obtención de datos, no empezó a emplearse el término *analógico* para describir los métodos de extracción y almacenamiento de información hasta que hubo necesidad de compararlo con el nuevo lenguaje de los ordenadores y el almacenamiento de música basado en el sistema binario –encendido/apagado, cero/uno, sí/no–, ya que esos dos métodos constituyen las únicas opciones. Naturalmente, las denominaciones *analógico* y *digital* aparecen igualmente cuando se trata de la adquisición de información, su almacenamiento y la transmisión de estructuras propios de las formas de vida de orden superior, aquellas dotadas de un sistema nervioso y un cerebro avanzados. Y bien, ¿cuál de los dos es nuestro caso? ¿Tiene nuestro sistema operativo (el cerebro y la mente) un funcionamiento digital o utiliza una estructura analógica? Gran parte de la literatura popular se equivoca en este particular.

Antes que nada, necesitamos tener unas nociones básicas de lo que significan estos términos. Por lo general, los sistemas de información analógicos utilizan algún tipo de ondas, o transiciones suaves de un estado a otro, igual que una sucesión de impulsos que nacen de cero, alcanzan cierta altura y luego decaen. Por supuesto, es un proceso continuo. Expresado en un gráfico, se asemeja a una serie de colinas suaves sin cortes o pausas. Los valores que puede expresar son esencialmente infinitos en número, ya que pueden ser absolutamente cualquier valor. La corriente alterna de uso doméstico en Estados Unidos, por ejemplo, es un tipo de corriente eléctrica cuya frecuencia es de 60 ciclos por segundo, a un voltaje nominal de 120 voltios con variaciones permitidas de $\pm 5\%$. En la práctica los extremos pueden variar, y varían, y podrían ser, digamos, 117,77819 voltios un minuto pero 118,9980003 el siguiente, y nadie se daría cuenta ni a nadie le importaría, porque seguiría cumpliendo su función.

En la tecnología analógica, podría usarse un micrófono para registrar frecuencias de sonido (complejas variaciones de la presión atmosférica) que asimismo se modifican sin límite, se traducen a frecuencias eléctricas variables y se graban luego en una cinta magnetofónica mediante la reorganización de minúsculas partículas de hierro magnéticas para su almacenamiento. Al cabo del tiempo, esa señal se puede leer, enviar a un amplificador y de aquí a un altavoz, donde otro imán hace que su cono vibre a ritmo tanto suave como rápido, moviendo el aire de la habitación que reproduce la música. El proceso completo entraña un universo de posibilidades, y esto es analógico.

El método digital es otra historia. La naturaleza rara vez lo utiliza. Desaparecen aquí todas las infinitas posibilidades de onda con su miríada de matices. Ahora, toda la información tiene valores discretos sin puntos intermedios. En la práctica, la codificación consiste en una serie de señales de «encendido» y «apagado», *on* y *off*, lo cual se puede lograr de muchas maneras. En el caso de un CD, se emplean alrededor de 5 milivatios de luz: la luz monocromática (un solo color restringido) es la que mejor funciona, de modo que un rayo láser es el medio perfecto para producir y focalizar esa energía a bajo coste. La fuente de luz dirige con precisión la luz a los surcos del CD, que contienen alrededor de 4.000 millones de minúsculas depresiones o *pits* que no reflejan la luz, y que se alternan con áreas planas o *lands* que la reflejan en un detector. Cada reflejo se cuenta como una señal de «sí», un uno, mientras que la falta de señal significa «no», o cero.

En la práctica, el CD gira a velocidad vertiginosa con una frecuencia de muestreo de 44.100 bits de información por segundo en forma de unos y ceros sin nada entre ellos. No hay infinitudes en este caso, no hay posibilidades ilimitadas; los unos y los ceros emplean un lenguaje binario para crear números ordinarios. Para que se reproduzcan 44.100 números de música por segundo, todos ellos contenidos en minúsculos canales o surcos (que extendidos medirían más de cinco kilómetros y medio), se envía una inmensa carga de datos al amplificador digital, que entiende lo que significan los números codificados y los convierte en voltajes con los que se pueden reproducir las ondas. Estas llegan a los altavoces, que actúan exactamente igual que en el método analógico, vibrando a la frecuencia apropiada a fin de perturbar rápidamente la presión del aire de la habitación de esa forma tan singular que reconocemos como música. En última instancia, el resultado final es el mismo.

Siendo esto así, ¿por qué hay muchos que consideran que es mejor el sistema digital? La razón es que las ondas pueden contaminarse con ruido indeseado o degradarse al ser almacenadas, mientras que los unos y los ceros siempre serán unos y ceros y, por tanto, tienden a ser mucho más inmunes a la distorsión o el deterioro con el paso del tiempo. Además, los sagaces algoritmos que buscan patrones en los números son capaces de comprimirlos para que ocupen menos espacio de almacenamiento, algo que no se puede hacer con las ondas.

En lo que respecta al funcionamiento del cerebro, es natural imaginar que sus operaciones sean también puramente digitales.

A nivel celular, sería de suponer que una neurona o bien dispara una señal, es decir, envía un impulso eléctrico, o bien no lo hace, lo cual parecería definir con precisión el funcionamiento de un sistema operativo digital. Además, dado que el método digital causa furor en nuestros días, es natural imaginar que nuestro cerebro ultrasofisticado opere utilizando la tecnología más reciente y avanzada. Sin embargo, en la vida real —esto no te lo esperabas— el cerebro es mucho más complicado que eso. (Si estás disfrutando al aprender todo esto es porque generalmente al cerebro le gusta leer sobre sí mismo).

En un principio, cada neurona logra su objetivo: estimular a otra u otras neuronas o comunicarse con ellas, no «apretando el gatillo» meramente una vez, sino mediante una *serie* de disparos eléctricos. Puede cambiar la intensidad de su señalización así como la rapidez, de modo que una serie más rápida dará lugar a una señal más fuerte. Estas variaciones producen una complejidad mucho mayor que la de una simple situación de cero o uno; de hecho, denotan un sistema conforme al cual las señales de las células nerviosas del cerebro se intensifican o disminuyen, creando frecuencias que representan un *continuum*, lo cual significa que el cerebro es una máquina analógica.

Y su complejidad entraña mucho más que estas sutilezas de señalización. Una neurona recibe normalmente indicadores eléctricos de varias otras, y algunas de las señales recibidas pueden ser excitadoras, mientras que otras son causa de inhibición. La cascada completa es como una sinfonía en la que cada instrumento modula su fuerza de modos complejos. Así pues, lo que «decide» una determinada neurona —su producto final— es el resultado de la suma de todas las diversas señales que recibe, lo cual la ubica claramente dentro de un *continuum*, y esto indica que de ningún modo puede ser digital.

Además, no es solo que la frecuencia o energía de los disparos eléctricos cambie, sino que las conexiones físicas de cada neurona con sus vecinas varían en intensidad, lo cual vuelve a estar comprendido dentro de un amplio rango que es cualquier cosa menos una situación en la que solo caben un sí o un no. Una neurona puede tener más de una sinapsis (punto de conexión) y puede estar alejada del núcleo de la célula nerviosa o próxima a él (lo cual tiene su importancia), o por el contrario forma un haz compacto con muchas otras neuronas o constituye una conexión periférica de menor intensidad. Con tantas posibilidades existentes incluso en la más minúscula muestra de tejido cerebral, el conjunto de todas las posibles formas de señalización es anonadante. Para expresar las distintas conexiones cerebrales posibles, se necesitaría un número representado por un uno seguido de más ceros de los que se necesitarían para llenar todas las líneas de todas las páginas de este libro entero. No es demasiado exagerado decir que el potencial del cerebro/mente, o su variedad de funcionamiento, es ilimitado.

Lo divertido es cuando hacemos que nuestras formas de tecnología más avanzadas interactúen con la mente.

Supongamos que queremos *experimentar* una película, incluso una que esté en 3D. Vamos a hacerlo

No hace tanto que esta tecnología consistía en un proceso analógico que utilizaba cinta de celuloide, en la que todos los puntos de cada fotograma podían recibir cualquiera de las luminosidades o colores de un *continuum*. Además, los comienzos de la cinematografía nos enseñaron que la frecuencia original de los fotogramas —16 por segundo— se hallaba por debajo de nuestro «umbral de fusión crítica del parpadeo» de 20 destellos por segundo. Es decir, mostrar 16 imágenes diferentes por segundo, con un momento de oscuridad entre ellas, como hacían las películas en la era del cine mudo, era insuficiente para impedir que la mente viera los bits de oscuridad separados. Todo el mundo percibía un parpadeo.

La llegada del sonido trajo consigo una importante mejora cinematográfica visual. Dado que nuestra mente «recuerda» y por tanto fusiona las imágenes que le llegan a una frecuencia superior a 20 imágenes por segundo, las películas pasaron súbitamente a las 72 por segundo y crearon así una sensación impecable de movimiento sin rastro de parpadeo o pulsación. En la práctica, hay solo 24 imágenes *diferentes* por segundo en las películas, pero cada fotograma se muestra tres veces antes de que la imagen siguiente aparezca tres veces también. Lo que tratamos de hacer ver con esto es que la tecnología ha de diseñarse siempre de modo que pueda operar en sintonía incluso con los más excéntricos caprichos de nuestra estructura mental.

El cine funcionaba a la perfección, pero hoy en día, siempre que tenga capacidad suficiente, cada parte de los chips de un dispositivo de carga acoplada de una cámara digital codifica suficiente de esta misma información en modalidad binaria como para que el resultado no tenga por qué ser inferior. Aun con todo, la calidad de la imagen *es* inferior a la de la película de 35 mm incluso en las salas que utilizan los más novedosos proyectores 4K, y completamente borrosa en los cines que todavía tienen proyectores 2K. Sin embargo, cuando la misma imagen 4K, compuesta de alrededor de ocho millones de píxeles individuales, tiene una ampliación menor por estar confinada al tamaño de un televisor, incluso aunque tenga una pantalla de 80 pulgadas, la imagen vista a distancias normales supera el umbral de resolución del sistema visual cerebro-ocular, y presenta un grado de detalle extraordinario.

Si la película está codificada en un DVD, que permite utilizar cincuenta *gigabytes* de datos para una sola película en Blu-ray, basta con que cada ojo vea una imagen distinta para conseguir el efecto 3D. En la década de los cincuenta se logró esto mismo con películas en blanco y negro que tenían simultáneamente una versión azul y otra roja, y el espectador se ponía unas gafas con un cristal rojo y el otro azul, o uno rojo y el otro verde, para que cada ojo viera una imagen pero no la otra. El método actual, bien emplea unas gafas con las que el ojo izquierdo y el derecho reciben respectivamente una polarización vertical y horizontal o bien utiliza un sistema de obturación alternativa de modo que cada ojo sintoniza con una de las imágenes dobles dirigida expresamente a él. El hecho de que estos métodos creen una verdadera sensación tridimensional nos dice algo muy interesante sobre la realidad.

Cualquiera que tenga una visión binocular normal experimenta una maravillosa sensación de profundidad en su mundo visual. La impactante experiencia de la tercera dimensión se generó con «pares estéreo» bidimensionales nada menos que en el siglo XIX, utilizando el visor estéreo tan popular en aquel tiempo, y se consigue en la actualidad en una sala que disponga de un sistema IMAX (Imagen máxima) y proyecte una película 3D. En cualquiera de estas situaciones, las dos imágenes 2D contienen información del paralaje* —es decir, las imágenes son sutilmente distintas, al igual que cada ojo recibe una imagen ligeramente diferente—, por el que los objetos más cercanos son los que más varían de posición, gracias a que cada ojo mira las cosas desde un ángulo distinto. Sin embargo, el observador experimenta una maravillosa profundidad, con una sensación tan real como si de

---

* En astronomía y física, variación aparente de la posición de un objeto al cambiar la posición del observador.

hecho la escena tridimensional estuviera presente ante él. Qué nos interesa de esto: que esa mágica sensación de profundidad *debe* de surgir de nuestro interior, cuando la información visual con sus discrepancias debidas al paralaje se resuelven y presentan al nivel consciente del cerebro. De esto se desprende que el resto del mundo visual que percibimos debe de estar ubicado en ese mismo lugar, y no «ahí fuera», en algún sitio alejado de nuestro cuerpo.

Vale la pena repetirlo: no hay nada «ahí fuera», más allá de la realidad que se construye en nuestra mente. O, si lo hubiera, sería absolutamente misterioso y jamás experimentado; sin lugar a dudas, no sería este mundo de coches rapidísimos y árboles que se mecen con el viento. Todo lo que conocemos y *podemos* conocer está contenido en nuestra mente, o, si lo prefieres, en la información que se procesa en nuestro cerebro.

Si te parece imposible de aceptar, recuerda que, de haber un precursor de los colores, la luminosidad y la profundidad tridimensional del mundo visual que disfrutamos continuamente, algún estímulo «exterior», no sería más que campos magnéticos y eléctricos incoloros e invisibles, pues eso es la luz en realidad.

Aprehender la realidad es un proceso informativo constante y sin meta. Pero intentar concebirlo mediante la lógica es un proyecto distinto, una empresa paulatina. Por supuesto, no hay una sola imagen mental que pueda captar adecuadamente el *Ser*. Dar con una conclusión final o una frase que exprese plenamente el conocimiento supremo será siempre una misión imposible.

Pero un buen principio es concebir la experiencia consciente como un torbellino de información y abandonar a la vez la idea de que exista algo verdaderamente externo.

14

MÁQUINAS CONSCIENTES

Quizá la única diferencia significativa entre
una simulación muy inteligente y un humano sería el
ruido que hacen cuando les das un puñetazo.

Terry Pratchett,
La tierra larga (2012)

El famoso físico Stephen Hawking fue noticia a finales del 2014. En una entrevista para la BBC, comentó que debíamos tener mucho cuidado con crear «plena inteligencia artificial (IA) pues podía significar el fin de la raza humana».

No es que aquellas aciagas reflexiones fueran precisamente originales. Elon Musk, fundador de la empresa de transporte aeroespacial SpaceX había dicho lo mismo un año antes, advirtiendo que la inteligencia artificial es «potencialmente más peligrosa que las armas nucleares». La inquietante idea de que los ordenadores pudieran llegar a tener una inteligencia mayor que la humana, y acompañada de una súbita conciencia independiente, recibió el nombre de «la Singularidad» en un ensayo que el científico informático Vernor Vinge publicó en 1993. Aunque sus predicciones iniciales sobre los impresionantes avances de las computadoras no eran más que mero reflejo de lo que otros ya preveían —como la duplicación periódica de la potencia computacional, que Gordon Moore, cofundador de Intel, había augurado en 1965—, Vinge estaba convencido de que esos avances provocarían «un cambio comparable a la aparición de la vida humana en la Tierra».

Como todos sabemos, los ordenadores controlan y nos facilitan ya gran parte de la vida cotidiana, desde las operaciones bancarias hasta el montaje de un automóvil, y nadie quiere volver a los tiempos del monótono esfuerzo manual que conllevaban tareas tan ingratas como la repetitiva soldadura por puntos. Estamos acostumbrados incluso a que las máquinas entiendan las órdenes que les damos y respondan correctamente a nuestras preguntas. Cada año oímos hablar de algún avance portentoso. En el 2015, un equipo de investigadores de la Universidad de Berkeley, en California, reveló una técnica nueva y formidable de inteligencia artificial —una estructura de «aprendizaje profundo»— que le permite a un robot aprender muy rápido nuevas tareas con solo un corto entrenamiento. El robot aprendía rápidamente a desenroscar el tapón de una botella; se daba cuenta incluso de que debía aplicar un pequeño giro hacia atrás para encontrar la rosca, antes de girarlo en la dirección contraria.

El temor que los singularistas han generado es a que la inteligencia artificial alcance algún día tal punto de complejidad que *las máquinas tengan conciencia de sí mismas*. Es este rasgo el que crea las fantasías de ciencia ficción de máquinas que diseñan para sus propios fines mejores robots y ordenadores que nosotros, y de un modo que escapa al control humano.

Por supuesto, hemos visto tratar este tema en películas como la serie *Terminator*, *Almas de metal* (donde un pistolero robot hace estragos en un parque temático) y *2001: una odisea en el espacio*. Pero la Singularidad introduce una diferencia muy clara y espeluznante. Una cosa es que las computadoras se equivoquen de una u otra manera y nos causen problemas. Otra muy distinta es que adquieran percepción.

Si se le ha dado crédito a este escalofriante asunto de las máquinas conscientes es porque lo han promulgado unas cuantas autoridades de gran reputación, como el ingeniero robótico Hod Lipson, de la Univerdad de Cornell, en Estados Unidos. Lipson destacó que, dada la complejidad creciente de las computadoras, cada vez será más necesario que las diseñemos para que ellas mismas sean capaces de resolver sus problemas en una fracción de segundo, enseñándoles a adaptarse y a tomar decisiones ellas solas. Y que las máquinas tengan cada vez mayor capacidad para aprender a aprender, según cree Lipson, inevitablemente «desembocará en la adquisición de conciencia del mundo y de sí mismas».

Esto plantea una cuestión más, una cuestión importante: ¿cuál es el fundamento de la conciencia? Si la presencia de unos circuitos eléctricos de gran complejidad es un elemento esencial, ¡qué se puede decir!, obviamente las computadoras los tienen. Es más, ¿seríamos nosotros capaces de reconocer si una máquina tiene conciencia? Investigadores de la Universidad de Yale han creado ya un robot, al que han puesto el nombre de Nico, que es capaz de reconocerse en un espejo y de tomar decisiones de reconocimiento espacial basadas en su posición y su entorno. Sabe incluso cuándo un objeto está meramente reflejado en un espejo, en lugar de pensar con ingenuidad que existe detrás del cristal. Los creadores y programadores de Nico hablan de máquinas «que de forma autónoma aprenden sobre sus cuerpos y sus sentidos».

Con unas supercomputadoras que perfeccionan por momentos sus capacidades y una velocidad de 4 exaFLOP/s (o 4×10^{18}

cálculos por segundo) que se espera que alcancen para el 2020, ¿es posible que lleguemos realmente a la Singularidad, el alarmante acontecimiento que predice Vinge y que respalda gente como el futurólogo Raymond Kurzweil, el hombre que diseñó el primer sintetizador de texto a voz? En su libro *La Singularidad está cerca: cuando los humanos trascendamos la biología*, que publicó en el 2005, Kurzweil pronosticaba que, para el 2045, habrá una primera computadora que tome conciencia de sí misma. Y tras el advenimiento de la tan temida Singularidad, asegura, los seres humanos y los animales compartiremos la Tierra con otra inteligencia, posiblemente para siempre.

Qué duda cabe de que esto le llama mucho la atención a todo aquel que sabe que el mundo externo y la conciencia están vinculados. Así que al leer estos vaticinios de un mundo de máquinas dotadas de sensibilidad, tal vez sea una postura realista mostrar cierto escepticismo. Nunca hemos visto que la materia inanimada de repente cobre vida. Incluso aunque el diseño de los futuros cerebros computacionales intente emular con mucha más precisión la arquitectura del nuestro, ¿por qué habría de infundir esto verdadera conciencia de sí misma a la entidad de silicona? Como dijo el científico computacional holandés Edsger W. Dijkstra tras recibir el Galardón A. M. Turing en 1972: «La cuestión de si una computadora es capaz de pensar no tiene más interés que la de si un submarino es capaz de nadar».

Al fin y al cabo, hay una inmensa diferencia funcional entre la mente humana y la de un ordenador, e incluso a la hora de comparar su grado de eficacia, no confundamos la velocidad con el tocino, aunque el cerdo sea de carreras. Los ordenadores tienen unos motores de búsqueda capaces de extraer datos con una eficiencia infinitamente mayor de la que puede conseguir el cerebro humano; sin embargo, fracasan en tareas humanas de lo más simple, como entender estructuras anidadas en la locución de alguien que intenta comunicar conceptos sutiles o crear ideas basadas en símbolos jerárquicos que dan lugar a su vez a ideas de orden superior.

Pero, nuevamente, detrás de cualquier comparación sobre sus capacidades respectivas, se oculta la cuestión fundamental: qué hace que una entidad sea consciente. Es fácil deducir que, si la conciencia está generada por una corriente eléctrica que estimula las aportaciones neuronales apropiadas…, en fin, dado que las máquinas utilizan circuitos eléctricos, ¿quiere esto decir que están a medio camino?

Los estudios de la conciencia han sido continuos en Europa y Estados Unidos. En el 2014, un grupo de investigadores europeos publicó en la revista *Nature Neuroscience* los resultados de sus investigaciones sobre la «conciencia de orden superior» —el pensamiento abstracto y la reflexión— y cómo es generada por corrientes eléctricas denominadas ondas gamma. Los investigadores habían dirigido corrientes de bajo voltaje al lóbulo frontal de los participantes en el estudio, para emular la banda gamma, con la intención de inducir conciencia de sí mismos en pacientes inconscientes. Funcionó. Los sueños que experimentaron los sujetos fueron haciéndose lúcidos. Se concluyó que la percepción consciente es inducida por corrientes eléctricas con una frecuencia vibratoria de 40 ciclos por segundo. Todo parece indicar que la experiencia subjetiva se debe, al menos en parte, a la estimulación eléctrica.

La ciencia lleva trabajando en el mapa de la actividad cerebral desde hace décadas. Sin embargo, su utilidad para comprender la conciencia sigue siendo objeto de acalorados debates, en parte porque la actividad cerebral a menudo está repartida por todo el órgano, y en formaciones variables, y en parte porque averiguar qué regiones controlan cada función y sensación no es lo mismo que entender qué es lo que sucede realmente cuando experimentamos las sensaciones.

Como explicaba en el 2004 el investigador holandés José van Dijck en un artículo titulado «La memoria en la era digital»: «El cerebro se parece menos a un ordenador y más a una sinfonía; continuamente interpreta variaciones de un tema cuando realiza actividades como recordar sucesos del pasado. Aunque podemos rastrear la actividad cerebral, no podemos describir los procesos que tienen lugar».

El tema de la conciencia no se presta a una comprensión fácil. El público por lo general parece no plantearse siquiera que entrañe ningún misterio. Hay quienes consideran que la percepción consciente es una mera propiedad auxiliar de la vida, una característica que la evolución produjo accidentalmente para dar una ventaja a las formas de vida complejas. Mucha gente no parece darse cuenta de que, tanto si nos planteamos la posibilidad de la Singularidad computacional como si indagamos en nuestras propias experiencias, que son tan fundamentales en este libro, la conciencia es un tema trascendental. Sin exagerar, bien podría considerarse, como le dijo Paul Hoffman, antiguo editor de la *Enciclopedia británica*, a uno de los autores, el más profundo y más importante de la ciencia.

Esta cuestión, sin lugar a dudas, ha atormentado a científicos y pensadores de todos los tiempos. En una carta dirigida al teólogo alemán Henry Oldenburg, Isaac Newton escribía: «Determinar [...] por qué modos o acciones produce [la luz] en nuestras mentes los Fantasmas de los Colores no es tarea fácil». Y el biólogo del siglo XIX Thomas Henry Houxley, uno de los primeros defensores de Darwin, calificó de «excepcional» el estado de conciencia y dijo que «es igual de incomprensible que la aparición del genio cuando Aladino frotaba la lámpara maravillosa».

En la época moderna, los investigadores están con frecuencia fieramente divididos incluso a la hora de definir la percepción consciente. Probablemente fuera el filósofo y científico cognitivo de la Universidad de Tufts, en Estados Unidos, Daniel Dennett quien inició el embrollo moderno en 1991 con su libro –de quinientas páginas– *La conciencia explicada*. A la vista de que la obra se dedicaba mayoritariamente a asuntos como describir qué zonas del cerebro están asociadas con cada función, y solo al final admitía brevemente que la conciencia (si se la define como el hecho de experimentar cosas) era un completo misterio, los críticos pusieron el grito en el cielo, y lo siguen haciendo. Varios aludieron a la obra con la frase «La conciencia ignorada». Al menos, deberíamos ser capaces de expresar qué es lo que intentamos captar; e incluso esto es más fácil de decir que de hacer. En un escrito sobre el tema, el físico James Trefil, de la Universidad de Stanford, en California, afirma que «es la única gran pregunta en el ámbito de la ciencia que ni siquiera sabemos cómo formular».

En cualquier caso, misteriosa o no, indudablemente queremos saber si la percepción consciente es susceptible de describirse en términos físicos, indicando por ejemplo que es la suma total de los procesos neuronales que tienen lugar en el cerebro. Si, al cabo del tiempo, vemos que la conciencia *no se puede* explicar exclusivamente en función de una serie de sucesos físicos, es posible que, como en el caso de la misteriosa energía del vacío que llena el cosmos, necesitemos encontrar una explicación utilizando medios no físicos. Sabemos que la posibilidad suena muy poco tentadora, demasiado próxima a la magia; y sin embargo, algunos filósofos sostienen firmemente que la conciencia es *no física* por naturaleza. Ahora bien, de ser así, ¿a qué podemos recurrir aparte de las ciencias físicas o biológicas para explicarla? ¿O es que, como el amor y otros imponderables, debe permanecer sin explicación?

Las investigaciones modernas giran en torno a la función cerebral, y aunque un puñado de investigadores aseguran que los patrones que se han descubierto «explican» la conciencia, en el ámbito científico muy pocos están de acuerdo con esto. Para que al menos el planteamiento de la cuestión resulte un poco más digerible, el filósofo y científico cognitivo australiano David Chalmers ha dividido el tema en «el problema más difícil» que representa la conciencia y «los problemas sencillos», como «explicar la capacidad de discernir y categorizar los estímulos ambientales y reaccionar a ellos». En el bando fácil, están asimismo los proyectos de elaborar un mapa del cerebro que determine qué partes están relacionadas con las distintas sensaciones y funciones.

Los problemas sencillos requieren simplemente que los investigadores descubran los mecanismos biológicos o neurológicos que pueden realizar las diversas funciones. Vemos de entrada que son problemas potencialmente solubles, quizá por completo, y que mapear el cerebro podría revelar que su funcionamiento coincide con lo que ya sabemos sobre los fenómenos naturales.

El problema más difícil, que de hecho es algo muy simple, a pesar de que al público en general le pase inadvertido, es explicar cómo y por qué tenemos en principio experiencias subjetivas, como ver y oír. No se sabe bien cómo (según la perspectiva predominante en el ámbito de la ciencia) la materia inanimada que constituye nuestro cuerpo —carbono, minerales e impulsos eléctricos— encuentra la manera de otorgarnos la experiencia de *sentir*.

Damos por sentado que el Sol no tiene sensaciones y que las rocas no pueden «recrearse» en la cálida luz solar que baña sus superficies; nos parece lo normal. En cambio *nosotros* nos deleitamos en el olor de la hierba recién cortada, sentimos dolor si nos pellizcan, experimentamos pensamientos, y nos provoca sensaciones el rojo intenso de una puesta de sol. Nosotros *sentimos*. ¿Cómo y por qué? Es una pregunta de lo más básico, y sin embargo no tiene respuesta hasta la fecha.

La magnitud y profundidad de esto es el elemento más esencial del biocentrismo, de la paranoia por la posible Singularidad de las computadoras, del propio afán por comprender el cosmos. Nada escapa a las sudorosas garras de la *percepción*. Necesitamos saber lo que es. Esto es precisamente lo que obsesiona a una nueva raza de investigadores, como el profesor de Ciencias Informáticas de la Universidad de Southampton, en el Reino Unido, Stevan Harnad. Cuando se le pregunta sobre la obra de investigadores de la conciencia como Dennett, no se anda por las ramas y descarta sin miramientos todas las divagaciones superfluas y truculentas, que no son sino un insulto para la inteligencia.

La forma correcta de plantear la cuestión no es hablar de nuestros pensamientos o recuerdos, o de lo que puede considerarse ilusorio y lo que no, dice. El término *pensamientos* es absolutamente equívoco. Si solo significa «peculiares acciones internas que generan ciertos resultados en respuesta a cierta información recibida», no hay problema (¡ni hemos resuelto nada!); pero si *pensamientos* significa «pensamientos *sentidos*», en ese caso igualmente podríamos llamarlos *sensaciones* (la sensación que nos produce pensar y razonar es una más en el multicualitativo mundo de las sensaciones, coexistente con la sensación que nos produce ver, tocar, querer, desear, etcétera). La eterna cuestión, no obstante, es cómo y por qué toda esa admirable función jerárquica de Turing* habría de *sentirse*.

---

* Alan Turing Es considerado uno de los padres de la ciencia de la computación y precursor de la informática moderna. En el campo de la inteligencia artificial, es conocido sobre todo por la concepción del test de Turing (1950), un criterio según el cual puede

En definitiva, todo se reduce a esto: ¿por qué y cómo *sentimos*? ¿Cómo surge este sentido de la percepción, o conciencia? ¿Qué es en realidad?

Es la esencia de todo. Desconocemos por qué cobra presencia la conciencia cuando nacemos. Algunos hinduistas creen que el alma o sentido individual de sí mismo entra en el feto a los tres meses. Pero ¿cómo lo saben? ¿Hay en realidad algo que entre en algo? Todos reconocemos este sentido de percepción consciente; es más íntimo que ninguna otra cosa. Intuitivamente sentimos que está más allá del tiempo y el espacio (como lo está, de hecho). Los recuerdos son limitados y selectivos, pero la conciencia ha sido siempre nuestra más fiel compañera... Nuestro verdadero yo, a decir verdad. ¿Surge en un determinado momento? ¿Es eterna? El físico y premio Nobel Steven Weinberg estaba muy lejos de ser el único en admitir que la conciencia representa un problema: que su existencia no parece poder derivarse de ninguna ley física.

El biocentrismo demuestra que la sensación que tenemos de lo interno y lo externo es un esquema mental de clasificación, y que en realidad todas las sensaciones están aquí y solo aquí. Nada es verdaderamente externo, es decir, nada existe fuera de la mente. Quizá pensemos que la conciencia tiene su sede en el cerebro, y es relativamente verdad, pero no es una verdad absoluta, ya que el propio cerebro es una construcción de nuestra mente, tanto como lo son los árboles o los manteles, supuestamente externos.

¿El cerebro? Claro, hemos visto películas de autopsias y damos por sentado que en ese kilo y medio de masa amorfa y blandengue es donde todo ocurre. Pero ¿qué es el cerebro en realidad? A diferencia de Zenón de Elea, nosotros creemos que

---

juzgarse la inteligencia de una máquina si sus respuestas en la prueba son indistinguibles de las de un ser humano.

existen innumerables cosas independientes en nuestro universo, y que el cerebro es una de ellas y la conciencia existe dentro de él. Objetos y más objetos.

Pero ¿qué es lo que hay realmente? Existen campos de energía por todas partes, y las cosas sólidas que vemos y tocamos son meros artefactos de nuestra selectiva configuración sensorial. Si los algoritmos sensitivos hubieran estado estructurados de manera distinta, no veríamos nada en el planeta, porque su verdadera naturaleza es esencialmente el vacío, acompañado de omnipresentes campos de energía invisibles. Sin embargo, tampoco esto es «verdad», ya que nada *es* hasta que lo percibimos.

Lo que observamos, toda esta riqueza y diversidad, es un algoritmo espaciotemporal sintonizado deliberadamente con determinadas frecuencias electromagnéticas. Si aprietas el dedo contra la superficie de la mesa, tienes la sensación de que es sólida, cuando en realidad nunca entramos en contacto con nada que sea sólido, ni siquiera por un instante. Son los átomos más externos de nuestra piel los que están rodeados de electrones con carga negativa, y los electrones de la mesa, similares a ellos, los repelen. La sensación de solidez es ilusoria; lo único que sentimos son campos eléctricos repulsivos. Campos. Energías. Nada sólido, nunca. Y todo ocurre dentro del detector (la mente), que nos transmite una sensación de espacio (localidad) y de tiempo, que por lo demás no tienen realidad inherente. En definitiva, el universo se puede concebir como un difuso estado probabilístico de información potencial, que por efecto de la mente «se colapsa» y da lugar a información y sensaciones de hecho cuando el sistema mental la procesa. Es un proceso unitario que nos confiere el sentido de «yo», el sentido de ser.

Aun con todo, leemos periódicamente en revistas científicas artículos que proponen la «prueba» más actual y efectiva para saber si una computadora ha adquirido conciencia. Todas esas pruebas son ingeniosas, pero hasta la fecha ninguna parece infalible, ni probablemente sea válida siquiera. Sabes que eres consciente porque experimentas tu propia sensibilidad y conciencia; y sin duda te aventuras a suponer que el resto de la gente, así como al menos los «mamíferos de comportamiento superior», como los delfines y los orangutanes, son también conscientes, dado que su composición es similar a la tuya, su comportamiento no es tan distinto del tuyo y, además, provienen de diversas ramas de tu mismo árbol evolutivo.

En un artículo que publicó *Scientific American* en el 2011 titulado «A Test for Consciousness» [Test para determinar la conciencia], sus autores, Christof Koch y Giulio Tononi, proponen una de estas pruebas para detectar la presencia de verdadera percepción consciente. Dicen:

> ¿Cómo sabríamos, si no, si una máquina ha adquirido la cualidad aparentemente inefable de la percepción? Nuestra estrategia se basa en la certeza de que solo una máquina consciente puede demostrar comprensión subjetiva de si la escena representada en una fotografía ordinaria es «correcta» o «incorrecta». Esa capacidad de ensamblar en una imagen de la realidad una serie de hechos que tengan sentido —o de saber, por ejemplo, que un elefante no debería aparecer encaramado a la Torre Eiffel— define una propiedad esencial de la mente consciente. Una sala llena de supercomputadoras IBM, en cambio, todavía no es capaz de entender qué tiene sentido en una escena.

Pero, una vez más, dar la respuesta correcta en estas pruebas parece tangencial e irrelevante para determinar la existencia de conciencia. Los críticos no tardaron en escribir cartas, que la revista publicó, objetando que «un ser humano por debajo de cierta edad, un niño, no sería capaz de superar la prueba, ni tampoco un adulto que estuviera soñando o bajo la influencia de drogas alucinógenas, y sin embargo nadie dudaría que estos humanos [tienen conciencia].

En pocas palabras, somos nosotros los que tenemos que aprender, antes que nada, a reconocer la diferencia entre un arduo problema computacional y lo que es verdadera percepción. Probablemente, una vez más, la clave sean las *sensaciones*: ¿puede una máquina sentir, por ejemplo, placer o dolor?

En nuestra forma habitual de concebir las cosas, consideramos que la conciencia tiene centros individuales —tú, yo y todo hijo de vecino—. Imaginamos que aflora cuando nacemos y desaparece cuando morimos. Y dado que aparentemente la conciencia viene y va, que pueda aflorar en una máquina parece hasta cierto punto razonable.

Pero si la conciencia es correlativa con el cosmos, la pregunta nos remite inevitablemente a una indagación en la *totalidad de la existencia*. Investigar esto equivale a reflexionar sobre el universo global; y aunque en sí es un tema válido y venerable, cualquier metodología que emplee un simbolismo capaz de representar solo partes individuales resultará ineficaz. La lógica y la comprensión, que emplean siempre un lenguaje simbólico, solo serían de utilidad si esas «partes» representativas nos transmitieran un nuevo significado del todo.

Y no lo hacen. No pueden. Y esto nos hace ver por qué los intentos de la cosmología por «explicar» el universo han resultado siempre desconcertantes e incompletos. Ninguna respuesta es satisfactoria, en parte porque las preguntas que hacemos son triviales, intrascendentes. No se puede evitar. Pensamos y hablamos utilizando el lenguaje, que a su vez emplea palabras que son todas ellas símbolos de algo distinto. Es un proceso adecuado para ingeniar un puente o pedirle a alguien que nos pase la mostaza, pero fracasa en cuanto intentamos aplicarlo a algo que esté más allá del simbolismo, como el éxtasis, el amor, ciertos sentimientos de empatía y, por supuesto, la totalidad del cosmos.

Hasta que comprendamos la naturaleza del espacio, del tiempo y de la propia realidad, y sus fundamentos biocéntricos, no conseguiremos entender que la sensibilidad de las máquinas ni es una realidad ni puede serlo.

15

PENSEMOS EN VERDE

El verdadero Templo es el mundo entero, y no hay nada más
divino y bendito que un exuberante jardín en flor.

Vera Nazarian,
Dreams of the Compass Rose [Sueños de la rosa de los vientos] (2002)

En la famosa película *Avatar*, los humanos proyectan la explotación minera de una exuberante luna habitada por extraterrestres de piel azul, los na'vi, que viven en armonía con la naturaleza. Las fuerzas militares humanas destruyen su hábitat, desoyendo las objeciones de que el proyecto podría afectar a la red biológica que conecta a sus organismos. La víspera de la gran batalla, el protagonista, Jake, se comunica a través de una conexión neuronal con el árbol de las almas, que intercede por los na'vi.

Concebimos el tiempo y la conciencia desde nuestra perspectiva humana. Sin embargo, al igual que nosotros, las plantas poseen receptores, microtúbulos y sofisticados sistemas intercelulares que probablemente les otorguen cierto grado de conciencia espaciotemporal. La película da a entender que no comprendemos la naturaleza consciente de la vida que nos rodea. Esto es lo que escribía uno de los autores en un blog del *Huffington Post*:

> Aunque he visto la película tres veces, siento cierta vergüenza ajena cada vez que alguien me dice que una planta tiene conciencia. Como biólogo, puedo aceptar que haya conciencia en los gatos, los perros y otros animales con cerebros sofisticados. Los estudios revelan que los perros tienen un nivel de inteligencia, y de conciencia, equiparable al de un niño humano de dos o tres años. De hecho, en 1981, el profesor de Psicología de la Universidad de Harvard B. F. Skinner publicó un artículo en la revista *Science* en el que explicaba que incluso las palomas demostraban tener conciencia de sí mismas en determinados aspectos. Pero ¿una planta o un árbol? El solo hecho de considerar la posibilidad parecía absurdo... hasta el otro día.
>
> La cocina de mi casa tiene anexa una galería que es una especie de bosque tropical en miniatura, llena de palmeras y helechos.

Mientras desayunaba, levanté la vista hacia uno de mis especímenes más preciados, una palma sagú reina. Llevaba varios meses observándola echar nuevos frondes, que, desde el solsticio de invierno, habían ido resituándose conforme el sol cambiaba su posición en el cielo. Durante ese tiempo, también la había visto responder a una herida en el tronco lanzando raíces aéreas en busca de nueva tierra en la que rearraigar. Sin duda era un ser vivo hábil, con recursos, pero, con toda claridad, no un ser consciente en ningún sentido biológico que conozcamos.

De pronto me acordé de un episodio de *Star Trek* titulado «El parpadeo de un ojo». En este episodio, el capitán Kirk se teletransporta a un planeta donde encuentra una metrópolis bellísima pero desierta. El único rastro de vida es el misterioso zumbido de unos insectos invisibles. Cuando regresa a la nave, la tripulación sigue oyendo aquel mismo zumbido extraño. De repente, Kirk se da cuenta de que los movimientos de la tripulación se van ralentizando hasta detenerse, como si algo estuviera manipulando el tiempo en sí. Pero aparece una hermosa mujer que le explica que no es la tripulación del puente la que se ha ralentizado, sino que él se ha acelerado hasta sincronizarse con la existencia física «hiperacelerada» de los scalosianos. Una vez de vuelta al tiempo real, Spock y el doctor McCoy comprenden que el extraño zumbido corresponde a las hiperaceleradas conversaciones de aquellos alienígenas, que existen fuera de los confines de la física normal.

Concebimos el tiempo, y por lo tanto la conciencia, desde la perspectiva humana. Allí sentado, en mi imaginación podía acelerar con facilidad el comportamiento de la planta como hace un botánico con sus fotografías del «paso del tiempo». La plumífera criatura que vivía en mi invernadero respondía al medioambiente igual que un invertebrado primitivo. Pero aún había más. Acostumbramos a pensar que el tiempo es un objeto, una matriz invisible que transcurre segundo a segundo independientemente de que haya o no objetos o vida presentes. Craso error, dice el biocentrismo. El tiempo no es un objeto, una cosa; es un concepto biológico, es la forma en que los vivos nos relacionamos con la realidad física. Existe solamente en relación con el observador.

Piensa en tu propia conciencia. Si no tuvieras ojos, oídos u otros órganos sensitivos, seguirías siendo capaz de experimentar la conciencia, si bien de una forma radicalmente distinta. Incluso sin pensamientos, seguirías siendo consciente, aunque la imagen de una persona o un árbol no significaría nada. De hecho, no serías capaz de distinguir un objeto de otro, sino que tendrías una experiencia visual del mundo más parecida a un caleidoscopio con sus colores cambiantes.

Como nosotros, las plantas poseen receptores, microtúbulos y unos sofisticados sistemas intercelulares que probablemente les otorguen cierto grado de conciencia espaciotemporal. En lugar de generar un patrón de colores, las partículas de luz que rebotan en una planta producen un patrón de moléculas energéticas –azúcar– en la clorofila de sus tallos y hojas. Las reacciones químicas que estimula la luz al iluminar una hoja generan una cadena de señales que se extiende al organismo entero a través de los haces de su sistema vascular.

Los neurobiólogos han descubierto que también las plantas tienen rudimentarias redes nerviosas y la facultad de experimentar percepciones primarias. De hecho, la *Drosera*, o rocío del sol, se lanza a atrapar la mosca con una precisión increíble, mucho mayor que cualquiera de nosotros con un matamoscas. Algunas plantas saben incluso si hay hormigas acercándoseles a robarles el néctar, y disponen de mecanismos para cerrarse cuando llegan. Un grupo de científicos de la Universidad de Cornell descubrió que, cuando un gusano cachón empieza a comerse la artemisa (*Artemisia tridentata*), la planta herida emite un efluvio de fragantes partículas para advertir a las plantas circundantes —en el caso concreto de este estudio, al tabaco silvestre (*Nicotiana attenuata*)— de la situación de peligro. Esas plantas, a su vez, fabrican sustancias químicas de defensa para despistar a los insectos hambrientos y mandarlos en la dirección contraria. André Kessler, director del estudio, lo llamó «priorizar la respuesta de defensa», añadiendo que «este podría ser un mecanismo sustancial de la comunicación entre las plantas».

Mientras estaba allí sentado en la cocina aquel día, el sol de primera hora de la mañana entraba oblicuo por las claraboyas inundando de un brillo resplandeciente la habitación entera. La sagú reina y yo estábamos «contentos» de que hubiera salido el sol.

✳✳✳

El giro de apreciación que dio el autor en relación con nuestras compañeras clorofílicas, así como la idea de que quizá hasta ahora hayamos puesto límites equivocados a qué formaba parte de la fraternidad de «vida consciente», con los años ha ido despertando cada vez mayor respeto en el mundo científico, desde que se planteara por primera vez antes de la entrada de este siglo. El tema se ha popularizado notablemente gracias a gente como Michael Pollan, profesor de Periodismo en la Universidad de Berkeley, en California, que ha escrito libros y un artículo publicado en la revista *New Yorker* en el que explicaba que los resultados de los estudios botánicos apuntan cada día más a la existencia de un alto grado de inteligencia botánica.

En cierto modo, no es sino la resurrección de la idea *hippie*, muy extendida en la década de los sesenta, de que las plantas responden si les hablamos y de que les gusta *realmente* que les pongamos música o las acariciemos como si fueran cachorrillos.

Cuando el movimiento ecologista floreció en las décadas siguientes, y las selvas se empezaron a considerar mucho más que mera madera sin procesar, a los mamíferos portavoces del reino vegetal se los llamó despectivamente «abrazadores de árboles».

Todo ello dio lugar a un nuevo campo de la ciencia a veces denominado *neurobiología vegetal*, cuyos comienzos han sido un poco controvertidos, ya que ni siquiera los más ardientes amigos de la flora reivindican que las plantas tengan neuronas (células nerviosas), no hablemos ya de un auténtico cerebro. «Todas tienen una estructura análoga —explicaba Pollan en una entrevista transmitida en Public Radio International—. En su día a día reciben datos sensoriales, los integran y luego responden comportándose en consonancia. Y todo esto lo hacen sin tener cerebro, lo cual, en cierto modo, es lo más increíble, puesto que nosotros damos por hecho que es necesario un cerebro para procesar información».

Al parecer, en ese caso, no son necesarias las neuronas para que haya comunicación intercelular, ¡ni tan siquiera para procesar y almacenar información! En un artículo titulado *Do Plants Think?* [¿Las plantas piensan?], que publicó en el 2012 la revista *Scientific American*, el botánico e investigador científico israelí Daniel Chamovitz insistía en que las plantas ven, sienten, huelen... y recuerdan. Pero ¿cómo va a ser esto posible sin neuronas?

Chamovitz explicaba:

> Incluso en los animales, no toda la información se procesa y almacena en el cerebro. El cerebro predomina en el procesamiento de orden superior en animales más complejos, pero no en organismos simples. Hay distintas partes de la planta que [...] envían y reciben información sobre el estado celular, fisiológico y medioambiental. Por ejemplo, el crecimiento de las raíces depende de una señal

hormonal que se genera en el extremo de los brotes [...] [mientras que] las hojas envían señales al extremo del brote indicándole que empiece a fabricar flores. Por tanto, si estamos dispuestos a pasar por alto una infinidad de detalles obvios, podríamos decir que *el conjunto de la planta es análogo al cerebro*. Y es que, pese a no tener neuronas, ¡las plantas son tanto productoras de sustancias químicas neuroactivas como susceptibles a su influencia!

La analogía más indiscutible es la que hace referencia al receptor de glutamato, un receptor presente en el cerebro humano que es necesario para la formación de los recuerdos y el aprendizaje. Las plantas tienen receptores de glutamato, decía Chamovitz, y «gracias al estudio de estas proteínas en las plantas, los científicos han descubierto cómo median los receptores de glutamato en la comunicación intercelular».

Pero ¿y la experiencia? ¿La cognición? ¿La conciencia? ¿La percepción de los sonidos? Damos por hecho, como lo más natural, que sin oídos no podemos oír. Sin embargo, según afirmaba Pollan en la entrevista radiofónica, los investigadores reprodujeron delante de las plantas una grabación «de una polilla que mordisquea una hoja, y las plantas reaccionan. Empiezan a segregar sustancias químicas defensivas».

Pollan no es el único en sostener que las plantas poseen todos los sentidos humanos y algunos otros adicionales. En cierto modo, tiene su lógica. En un orden de cosas basado en el tiempo (que, recuerda, es solo la manera en que lo percibimos todo, y no una entidad con existencia absoluta), las plantas ya vivían en la Tierra cientos de millones de años antes que nosotros los mamíferos. Una forma lógica de interpretarlo es que los seres humanos hemos desarrollado capacidades superiores a las de las plantas; somos la rama evolutiva que en su desarrollo más se ha alejado de ellas. Sin embargo, también se podría decir que, dado que las plantas tuvieron sobradamente la oportunidad de mejorar si lo necesitaban, ya lo habrían hecho de haber podido obtener de ello algún beneficio. Basándonos en este razonamiento, su presencia ancestral justificaría en realidad una superioridad biológica, al menos a algunos niveles.

Nadie pone en duda que todas las plantas sean capaces de percibir la presencia del agua o la dirección ascendente y descendente (en otras palabras, la gravedad), e incluso tal vez de percibir que la densidad de la tierra que sus raíces encuentran al expandirse es mayor en un punto, lo cual les dice que podría tratarse de un potencial obstáculo antes de perder el tiempo y la energía teniendo que entrar en contacto físico con una roca.

Las plantas tienen memoria. Y no estamos hablando de un simple reflejo, de que cierto estímulo provoque una respuesta automática. Chamovitz sostiene:

> Las plantas tienen, sin lugar a dudas, varios tipos distintos de memoria, lo mismo que nosotros. Tienen memoria a corto plazo, memoria inmunitaria ¡e incluso memoria transgeneracional! Sé que a mucha gente le costará aceptarlo; pero si la memoria conlleva la formación de un recuerdo (codificar información), retenerlo (almacenar información) y rememorarlo más tarde (recuperar información), las plantas indiscutiblemente recuerdan.

Cuando examinamos la correlación naturaleza/observador, evidentemente nos consideramos epítome de la inteligencia consciente. La mayoría incluiríamos en el apartado a otros mamíferos además de nosotros, principalmente a los gatos, los perros, los conejos y cualquier otra mascota o compañero predilecto del ser humano. Pero ¿de dónde nace esta idea? ¿Está basada solo en la familiaridad, en el hecho de que reconozcamos en ellos unas facciones que no percibimos cuando miramos, por ejemplo, un gusano? ¿O acaso consideramos que la posesión de un cerebro es requisito ineludible para formar parte de la fraternidad, y solo dejamos que se asocien al club aquellos seres dotados de una sofisticada estructura neuronal?

El tiempo es relativo al observador, y a pesar de nuestros prejuicios humanos, es posible que los animales de orden inferior, e incluso las plantas, tengan experiencias conscientes, si bien de un modo considerablemente distinto al nuestro. Las relaciones que situamos en el espacio y el tiempo dependen por entero del detector, incluso aunque su lógica sea difusa y no esté concentrada en una estructura de tipo cerebral. Es obvio que las plantas tienen un proceso de recepción y archivo de la información diferente del cerebro, pero el tiempo es relativo al observador y no tiene por qué operar en la escala temporal humana. El tiempo es *bio*-lógico, es decir, completamente subjetivo y emergente siempre de un proceso correlacionado unitario. Todo conocimiento se reduce a relaciones de información, y es solo el observador quien le otorga significado espaciotemporal. Teniendo en cuenta que el tiempo en realidad no existe al margen de la percepción, no hay un «después de la muerte» experiencial ni siquiera para la planta; lo único que hay es la muerte de su estructura física en nuestro «ahora». No podemos decir que el observador planta o animal venga, se vaya o muera, ya que todos ellos son meros conceptos temporales.

La gente se ha preguntado desde hace mucho si las plantas «sienten», a pesar de que es obvio que tienen una percepción de la gravedad, las fuentes de agua y la luz. También es obvio que logran estas percepciones de modo muy distinto a como lo hacemos nosotros los mamíferos, o incluso a como lo hacen formas de vida que denominamos inferiores. Los renacuajos y otros anfibios detectan la luz mediante unas células pigmentadas de la piel que les permiten adaptar su camuflaje a distintos fondos. Los gorriones son capaces de ajustar su ritmo circadiano sin usar los ojos; ¡perciben la luz a través de las plumas, la piel y los huesos! Y lo mismo hacen los ratones aun estando ciegos. Al igual que una especie de pulpos, que incluso prescinde por completo de la intervención del cerebro o el sistema nervioso, como se descubrió en el 2015.

Algunas criaturas «sienten» la luz en lugar de «verla». Por ejemplo, los pulpos y los renacuajos (y otros anfibios) detectan la luz gracias a las células pigmentadas de la piel que les permiten adaptar su camuflaje a distintos fondos; los gorriones son capaces de ajustar su ritmo circadiano sin usar los ojos (perciben la luz a través de las plumas, la piel y los huesos) y los ratones hacen lo mismo aun estando ciegos.

Uno de los mecanismos para percibir la luz sin utilizar los ojos parece ser la acción de una sustancia llamada melanopsina, descubierta en 1998 en la piel de las ranas, que permite a algunos animales detectar la luz sin intervención de los conos y los bastones de la retina. Dicho fotopigmento ha revelado un primitivo sistema fotorreceptor no visual del que hasta entonces no se tenía noticia.

Percibir la luz sin tener ojos es una facultad extremadamente importante para los ritmos biológicos, y puede aportarnos pistas cuando cavilamos sobre cómo experimentarán el transcurso del tiempo las plantas, que no tienen ojos para ver el ciclo diario de día y noche que se estableció en nuestros biorritmos hace muchísimo tiempo.

Todos sabemos que las plantas dependen absolutamente de la luz, y la utilizan por mediación de la clorofila, una molécula a la que «le gusta» en particular la luz azul y puede regocijarse también en la roja, pero no sabe qué hacer con las longitudes de onda del color verde. Esto explica por qué tienen apariencia verde las hojas y la hierba: vemos la parte del espectro solar que la planta rechaza y refleja, la que no ha absorbido ni utilizado. Esto significa que las hojas de un árbol son verdes no porque a la clorofila le guste el verde, sino porque siente tal indiferencia por él que hace rebotar esos fotones de luz.

En cualquier caso, es obvio que las formas de vida que carecen de ojos, como las plantas, dependen exclusivamente de otro tipo de métodos sensoriales para experimentar la realidad. Su forma de percibir el tiempo en este mundo estriba en captar la luz y responder a ella de un modo no visual, complementado probablemente por otros métodos que prescinden del espectro electromagnético por entero.

En los animales de orden superior, el cerebro lleva cuenta del tiempo creando lo que durante años los científicos pensaron que era una versión biológica de un cronómetro. Pero en realidad nuestro cerebro opera de forma muy distinta; no se parece en nada a los relojes que conocemos, lo cual quizá explique por qué podemos tener una percepción incorrecta de un intervalo temporal cualquiera al manufacturar la ilusión de un flujo de la realidad único y continuo, que no es sino el resultado de inscribir constantemente un suceso tras otro en los circuitos de la memoria. Una planta no tiene cerebro, luego la información y los «recuerdos» deben de almacenarse de otras maneras, tal vez de la misma forma que una planta sabe en qué dirección debe crecer.

Si sigue siendo básicamente un misterio cómo registramos las sensaciones del tiempo nosotros, los seres humanos, será mucho más difícil todavía comprender cómo consiguen las plantas «estirar y hacer girar» toda esta información en su interior para atender las necesidades que les impone la supervivencia. Y puesto que, en el análisis final, el paso del «tiempo» no es más que un instrumento que los organismos crean y utilizan para percibir lo que sucede a su alrededor y responder con eficiencia al flujo de su medio físico, las plantas obviamente lo han hecho bastante bien, para haber sobrevivido 700 millones de años.

Por lo general, solo calificamos de *sintiente* a algo que habla o nos responde en la escala temporal biológica que nosotros utilizamos. Pero en lo que a la naturaleza de la vida se refiere, quizá tengamos mucho que aprender del mundo de ficción de los na'vi, donde las plantas tienen una extremada sensibilidad táctil y se comunican mediante la «transducción de señales». «Las plantas de la película son falsas –dice Jodie Holt, profesora de Fisiología Botánica de la Universidad de California en Riverside–, pero su fundamento biológico es real».

16

EN BUSCA DE UNA TEORÍA DEL TODO

La teoría no puede contentarse con describir y analizar; es preciso que
ella misma constituya un acontecimiento en el universo que describe.

Jean Baudrillard,
El éxtasis de la comunicación (1987)

La ciencia tiene una obsesión: crear una gran teoría unificada. El motivo es loable y se remonta a hace varios siglos. En realidad, es una necesidad que todos sentimos en lo más hondo, ya que el propósito de la ciencia es entender este mundo, qué lugar ocupamos en el universo y cómo encaja todo. Cuanto más puedan incorporarse las fuerzas, energía, fenómenos y estructura del universo a una sola matriz indiscutible, más cerca estaremos de descubrir qué es todo esto y qué significa.

A mediados del siglo XIX, una serie de grandes pensadores empezaron a mostrar que fenómenos aparentemente disparejos eran en realidad las dos caras de una misma moneda. Concretamente en 1865, el físico escocés James Clerk Maxwell publicó su revolucionaria teoría unificadora de la electricidad y el magnetismo, en la que postulaba la acertada idea de que el electromagnetismo, reconocido actualmente como una de las cuatro fuerzas fundamentales de la naturaleza, los interrelaciona a ambos. Al fin y al cabo, el movimiento de la carga eléctrica genera magnetismo, como ocurre cuando la corriente eléctrica de un cable desvía la aguja de una brújula.

Gracias a la oleada de apasionantes revelaciones que se sucedieron poco después de la entrada del siglo XX, supimos que materia y energía son asimismo una sola esencia y se convierten la una en la otra. Este fue un salto aún mayor, pues un trozo de tiza y un destello de luz sí parecen ser entidades totalmente distintas. Que compartan una misma esencia —y que de hecho hayamos podido observar cómo la energía se convertía en materia (por ejemplo, la creación de materia y antimateria como efecto de la colisión de fotones de alta energía, o rayos gamma) y la materia en energía (en las explosiones de la bomba de hidrógeno, o bomba-H)— a la mayoría sigue pareciéndonos más que revelador; es fascinante.

La conclusión final parecía bastante obvia: quizá *todo* sea una sola entidad y únicamente necesitemos averiguar cómo se interrelacionan exactamente las cuatro fuerzas fundamentales y las tres partículas fundamentales, y cómo han llegado a ser lo que son. Las fuerzas fundamentales son la gravedad; el electromagnetismo, que incluye los campos eléctrico y magnético, y las fuerzas nucleares fuerte y débil, cuyos rangos son tan minúsculos que operan exclusivamente en el interior de los átomos. En lo que respecta a las partículas fundamentales, podríamos empezar por los *quarks*, que se unen en tríos para formar los nucleones de cada átomo, y los electrones y los neutrinos, que son los que predominan, aunque no se unen para formar estructuras. Sin embargo, el actual modelo estándar, algo más complejo, suma a estos tres tipos de partículas las antipartículas, así como otras de vida muy breve, como los muones, e incluso «partículas portadoras o mediadoras de la fuerza», por lo cual dar una cifra categórica del número de partículas elementales es más complicado de lo que parece.

Einstein, cuyas teorías de la relatividad de 1905 y 1915 resolvieron por fin la cuestión masa/energía, dedicó el resto de su vida a buscar, sin éxito, una gran teoría unificada que uniera estos dos factores con todo lo demás, incluido el elemento más inaprensible: la gravedad. Entretanto, la mecánica cuántica reveló cómo se comportan los objetos en el ámbito submicroscópico, y esto desató una carrera por unificar la mecánica cuántica y la relatividad, una aventura que continúa hasta el día de hoy.

Fueron cien años muy emocionantes los que transcurrieron desde mediados del siglo XIX hasta mediados del XX. Luego, prácticamente dejó de hacerse ningún progreso en la física fundamental. Hubo mentes prodigiosas que siguieron buscando el Santo Grial, pero no había forma de encontrarlo. En las últimas décadas del siglo XX, nacieron la teoría de cuerdas o supercuerdas, o la teoría M. Varios físicos, aplicando conceptos de matemáticas avanzadas, postularon que al menos tres de las cuatro fuerzas podían emerger si, en el ámbito de lo superdiminuto, un billón de billones de billones de billones de billones de veces menor que el núcleo atómico, la realidad estuviera constituida por cuerdas unidimensionales. Dependiendo de cómo se conectaran o enlazaran, podían crearse los fundamentos del universo.

Salvo que no funcionó. Al menos no en nuestra realidad. Como explicábamos en el capítulo diez, para hacerlo suceder sobre el papel era necesario añadir ocho dimensiones nuevas, cada una de ellas con propiedades matemáticas específicas. El problema de esto había sido obvio desde el primer momento: no hay el menor indicio de que ninguna de esas dimensiones exista realmente. Ni los sentidos ni ningún instrumento dan a entender que sean una realidad. O lo que es aún peor: si existieran, no hay observación ni experimento capaz de detectar ninguna de ellas. Por tanto, la teoría de cuerdas no es verificable, no se puede idear una prueba que demuestre su veracidad o su falsedad.

De acuerdo, se podría pensar, quizá no sea posible verificar las dimensiones individuales, pero tal vez la tesis general de la teoría de cuerdas puede hacer una predicción que sí sea verificable. Desgraciadamente, una vez más, cuando lo hizo, los resultados demostraron que sus predicciones habían errado en cien órdenes de magnitud. Los defensores de la teoría siempre tenían, no obstante, una salida fácil: bastaba con cambiar los valores de una u otra de esas dimensiones, y se podía hacer que encajara a la fuerza cualquier resultado.

Al ir pasando los años de este nuevo siglo, fue haciéndose cada vez más evidente que la teoría de cuerdas no llevaba a ninguna parte. Los teóricos de cuerdas predijeron que había 10^{100} modos en que podía manifestarse la realidad. Ante tal vaguedad, la mayoría de los físicos se rindieron y consideraron que aquello de las cuerdas no servía para nada.

Y así están las cosas actualmente, en esta búsqueda nuestra de la gran teoría unificada. En realidad, había entrado en un callejón sin salida ya antes de la Segunda Guerra Mundial, aunque el hecho no se haya asumido hasta al cabo de varias décadas.

Naturalmente, nosotros opinamos que estos modelos estaban abocados al fracaso, porque la teoría del todo que los teóricos siempre habían intentado concebir ignoraba una sección de la realidad que abarca entre el 50 y el 100% de ella: el observador. Una realidad que, no obstante, hacía mucho que les tiraba de la manga insistentemente: los científicos veían de continuo que había vínculos muy fuertes entre el universo y la vida que lo habita; los resultados de los experimentos eran unos cuando nadie observaba, y otros cuando nosotros, el observador, interveníamos para mirar con detalle.

Entretanto, la teoría cuántica revelaba que el espacio o la separación entre objetos mutaba drásticamente (o se desvanecía por completo, en el caso de las correlaciones EPR) y que el tiempo era también sospechoso. Aun así, a nadie se le ocurrió explicar todas estas curiosas anomalías ni hacer nada al respecto; se consideraban simplemente misteriosas rarezas, y consiguieron poco más que provocar miradas de perplejidad. Alguna nota a pie de página. Asteriscos.

No se puede culpar a la ciencia por haber tratado de mantener al ser humano fuera de la ecuación. Los humanos nos equivocamos con facilidad. Es sobradamente conocida nuestra predilección por los errores. Si preguntamos a los testigos oculares de un accidente de coche o de avión, podemos estar seguros de que oiremos versiones discrepantes. Además, la ciencia trabaja mejor cuando puede eliminar el factor humano. Reporta pocos beneficios tomar en consideración la subjetividad. Si quieres diseñar un avión fuera de serie, ¿piensas de verdad en incorporar las corazonadas y los estados de ánimo de la gente? Todo lo contrario; la ingeniería aeronáutica exige pruebas de calidad repetibles que están muy al margen de las excentricidades de cada individuo.

No obstante, al descartar las personalidades y debilidades humanas, la ciencia a la vez le dio la espalda al acto fundamental de la percepción en sí. Lo que se desechó por irrelevante era esencial, con raíces previas a la personalidad e incluso la taxonomía. En realidad, la percepción consciente es sustancial, no idiosincrásica. Es básica y permanente, no efímera y prescindible.

Otro continuo problema con que se han topado los intentos de crear una gran teoría unificada ha sido que lo que es válido cuando se trabaja con las partes puede no serlo al aplicarlo a la totalidad. Tal vez parezca razonable extrapolar desde manzanas hasta planetas o galaxias o el cosmos entero, pero no hay razón para que confiemos en que los resultados serán legítimos. Y este es el porqué. Veamos lo que ocurre con dos elementos: el cloro y el sodio. El cloro es un veneno, y el componente principal de algunos gases terribles utilizados en la Primera Guerra Mundial. El sodio es hidroantagonista: si echamos un poco en un lago, se producirá una explosión. Si tú o yo somos una forma de vida que contiene agua y manipulamos cualquiera de estos dos elementos, estamos tratando con algo bastante peligroso.

Estudiar sus estructuras, sus puntos de fusión, su peso atómico y todo lo demás podría no darnos ningún indicio de lo que sucedería si los combináramos. Pero ¡quién lo hubiera imaginado!: si dejamos que un átomo de un elemento se una a un átomo del otro, el resultado es cloruro sódico, es decir, sal común de mesa. Ahora ya no se produce una explosión que hace temblar el barrio cuando este nuevo compuesto se encuentra con el agua. Ocurre precisamente lo contrario: una parte de la sal se disuelve fácilmente, y el agua queda igual de transparente y en calma que antes.

El cloro, en lugar de un veneno, se ha convertido en una sustancia imprescindible para la vida. Si de repente pudiera extraérsete todo el cloruro sódico del cuerpo, morirías en unos instantes. Y sin embargo, no habría forma de predecir este resultado formidable que se ha conseguido combinando las partes. El todo demuestra ser imprevisiblemente distinto, incluso opuesto, de sus constituyentes.

O piensa en cómo funciona nuestro sistema lógico en la vida macroscópica del día a día. Los seres humanos hemos ideado formas de pensamiento que operan a la perfección cuando queremos comunicarnos, cazar o construir puentes, pero dado que no hemos tenido, ni necesitado tener, ninguna experiencia con el ámbito submicroscópico, no hemos desarrollado en nuestra evolución recursos mentales para aprehenderlo. Y resulta que los procesos lógicos que funcionan a escala macroscópica en la vida cotidiana son irrelevantes cuando los aplicamos a realidades seis órdenes de magnitud más pequeñas.

En nuestro día a día, las cosas tienen un funcionamiento lógico porque la lógica se creó precisamente para tratar con ellas. En este momento, es posible que la cocina de tu casa contenga un gato o más, ningún gato o tenga gatos parciales (si están tumbados en el vano de la puerta y no están ni totalmente dentro ni fuera de la habitación). Estas son las únicas opciones en lo que respecta a los gatos y su relación con la cocina de tu casa. No hay más posibilidades que estas.

Ahora piensa en los electrones que se crean en un punto y luego se proyectan a otro, donde está la pantalla donde se detienen; llamaremos a esto ruta *A*. A lo largo del trayecto hay una serie de espejos en los que rebotan los electrones, lo cual los obliga a tomar una ruta más larga hasta la pantalla, a la cual llamaremos ruta *B*. Vamos a disparar los electrones de uno en uno y a intentar averiguar qué trayectoria han seguido.

Sabemos que por fuerza han de tomar el camino *A* o *B* porque, si los bloqueamos ambos, no llega a la pantalla ningún electrón. Pero cuando medimos, por diversos métodos, el camino elegido, sucede algo muy curioso. Tras señalar con cuidado las posiciones, descubrimos que algunos electrones han llegado a la pantalla por un camino que no es ni el *A* ni el *B*, ni ambos a la vez, ni ninguno de los dos. Dado que estas son las únicas opciones que la lógica nos permite contemplar, los electrones han tenido que hacer algo distinto, algo que no somos capaces de imaginar, algo que escapa por completo a las posibilidades concebibles y, por tanto, a nuestra lógica cotidiana.

Esto es un hecho, no una especulación. Que los electrones y todo lo demás que habita el mundo submicroscópico sean capaces de hacer sistemáticamente cosas imposibles tiene un nombre: se dice que se hallan en estado de *superposición* (como se explicó brevemente en el capítulo siete). Significa que existen y actúan de todas las maneras posibles a la vez, e incluso de algunas maneras aparentemente imposibles. Es como si hoy fueras al banco y a la vez no fueras al banco, y ambas afirmaciones fueran absolutamente ciertas.

Y ahora tenemos que preguntarnos: si la tierra de lo muy pequeño escapa a toda lógica, ¿por qué habría de ser más complaciente con nuestro sistema de pensamiento el metauniverso, el cosmos como un todo? Lo más sensato sería admitir algo que rara vez, o nunca, llega a verbalizarse en la cosmología moderna: la posibilidad de que la verdadera naturaleza del universo total no tenga nada que ver con la forma en que funcionan sus partes, de que realmente escape a las propias características de sus componentes.

Que el universo (tomado como un todo) escapa a la lógica humana debería ser obvio, pero por alguna razón se pasa por alto en los manuales de cosmología. Fíjate en los modelos vigentes: muchos dicen que todo lo inició la Gran Explosión, pero no tienen ni idea, ni la más remota, de cómo puede obtenerse de la nada un universo entero de materia/energía. La idea en sí carece totalmente de sentido, por mucho que a la mayoría de la gente le suene bien, solo porque se ha repetido hasta la saciedad. (El propio nombre *Big Bang* lo acuñó en realidad con intención peyorativa Fred Hoyle, en 1949, para ridiculizar abiertamente una idea tan absurda).

Pero vamos a suponer que se produjera la Gran Explosión, como corrobora abundante evidencia astrofísica. En ese caso debemos plantearnos qué había antes de ese acontecimiento, y por supuesto es imposible responder a esto. Incluso afirmar que el cosmos tuvo un comienzo se vuelve ilógico al instante, pues ¿dónde comenzó *eso*, lo que quiera que fuera? ¿No está claro que hemos planteado una situación irresoluble con trazas de regresión infinita? Como dijo Thoreau, somos como los hindúes, que sostenían que el mundo descansaba sobre el lomo de un elefante, el elefante sobre el caparazón de una tortuga y la tortuga sobre una serpiente, y no tenían nada que poner debajo de la serpiente.

Pero desechar la idea de que el cosmos naciera en algún momento tampoco ayuda. Supongamos que todo es eterno (lo cual probablemente sea verdad, si la evidencia reciente de un «universo infinito» sirve de algo). ¿Eres capaz de imaginarlo? Nadie es capaz. Pero lo mismo sucede con la disyuntiva de que el cosmos tenga límites en lugar de ser infinito. Ni una posibilidad ni la otra nos da una respuesta. Ninguna de las dos encaja en nuestro sistema lógico ni en la forma en que está diseñada la ciencia.

¿No es obvio que si una situación nunca ofrece respuesta, si invariablemente desemboca en un misterio absoluto, debe de ser porque se está abordando con un proceso de pensamiento inadecuado para la tarea?

Los modelos vigentes no funcionan. No son capaces de responder a nada en absoluto. Se fijan en ciertas partes –la radiación de 2,73 °K (aproximadamente -270 °C) del fondo cósmico de microondas– e intentan ensamblar el rompecabezas entero en torno a ellas. Pero no lo consiguen. Ningún resultado acaba de ser convincente.

El biocentrismo mejora notablemente la situación, pues nos ayuda a entender con claridad lo que ocurre si introducimos la vida, si introducimos al observador en este panorama. Si absolutamente todo lo que estudiamos, percibimos, observamos, pensamos o suponemos tiene lugar en la matriz de la conciencia, forzosamente esta ha de formar parte del Gran Todo. ¿Podría ser más obvio?

Cuando introducimos al observador, descubrimos que la escurridiza naturaleza del espacio y el tiempo de repente cobra sentido, ya que son instrumentos que utiliza la mente, una forma de enmarcar y ordenar lo que experimentamos. Son el lenguaje de la conciencia. Es nuestra forma de desplazarnos del punto A al punto B, de concertar citas y todo lo demás. Nosotros mismos somos los portadores del tiempo y el espacio; los llevamos con nosotros allá adonde vamos como llevan las tortugas su caparazón. Pero entender, al fin, que es así como funcionan deja sin fundamento a los insatisfactorios modelos convencionales de la realidad. Explica la verdad del postulado de Heisenberg —tan desconcertante, si no— de que no es posible medir a un tiempo impulso y posición. Explica por qué la ciencia ha descubierto que el espacio es relativo al observador, lo mismo que el tiempo. En cuanto la vida entra en escena, sabemos al instante por qué estos elementos funcionan como lo hacen, y finalmente todo cobra sentido.

Tenemos que confesar, como si estuviéramos en una reunión de Alcohólicos Anónimos, que llevamos mucho tiempo atrapados en el hábito de visualizarlo todo dentro de un marco de espacio y de tiempo. No hemos podido evitarlo, y nos ha sido de utilidad para medir la longitud de un puente o la distancia hasta el Sol. Sin embargo, a la hora de comprender el cosmos como un todo, y comprender nuestra vida y el lugar que ocupamos en el universo, ahora resulta evidente que hemos estado usando un andamio que se combaba y tambaleaba como una columna de humo en un sueño.

Hemos visualizado el universo como una gigantesca bola flotando en el espacio. Pero ¿una bola situada dónde? ¿Y qué había fuera de ella? Y quizá hayamos imaginado que se extendía infinitamente en el espacio, solo que no había ninguna manera de que pudiéramos visualizarlo. Y lo hemos situado en el tiempo, como si hubiera comenzado muchísimo tiempo atrás, sabiendo a la vez que no podía ser, porque no podía tener principio, y eso tampoco estábamos capacitados para concebirlo. Así pues, el sistema espaciotemporal de coordenadas nunca funcionó en realidad; lo usábamos porque todo el mundo lo usaba. Al parecer, los cosmólogos también, ¡y no íbamos a ser nosotros más listos que ellos, ¿no?!

Por tanto, vamos a hacer una bola con ese papel donde todo eso está escrito, tirarla a la papelera y empezar de nuevo, esta vez con honestidad. Debemos abandonar lo del tiempo y el espacio; ahora lo sabemos. Podemos visualizar las partes haciendo uso de ellos —para decir, por ejemplo, que Alfa Centauri está a una distancia de cuatro años luz—. Pero no podemos aplicar esa línea de pensamiento al cosmos como un todo. No sirve para eso, más de lo que sirve para explicar cómo puede un electrón no seguir la ruta A ni la B, ni ambas ni ninguna de las dos.

En lugar de eso, vamos a considerar la Totalidad de la Existencia, o el *Ser*, como la llamó Parménides, y a comprender que la vida, la conciencia, la inteligencia y la percepción son las protagonistas, las que representan el papel principal en la experiencia. Cuando observamos los experimentos cuánticos, nos damos cuenta de que el mundo físico está íntimamente conectado con nuestra conciencia.

Hasta aquí, todo en orden. Estudiamos libros sobre el cerebro, y nos enteramos de que todo lo que vemos, sentimos, oímos y tocamos ocurre en la mente, en ningún otro lugar. Nos paramos y recobramos el aliento. El universo que percibimos está dentro de nuestra mente. Es verdad que el cerebro existe dentro del universo, y que lo sustenta el calor del Sol. Sin embargo, ese Sol no tiene brillo ni calor fuera de nuestras percepciones. (De por sí, si es que existe, es invisible y emite solamente campos eléctricos y magnéticos, pero ni brillo ni calor).

Nos sentamos e intentamos asimilarlo. Lo que en realidad es el cosmos es una amalgama correlativa de la naturaleza y el «yo», el observador. Somos una única esencia. Somos transaccionales. Ahora entendemos por qué los sabios llevan hablando de «El Uno» desde al menos el año 2400 a. de C. Lo captaron, lo comprendieron. También para Zenón era tan obvio que se mesaba los cabellos intentando hacer ver a la gente que es un único acontecimiento el que sucede: la Unidad actuando con ilimitada energía y vitalidad, sin esfuerzo, siempre plena e inagotable.

En 1944, el renombrado físico Erwin Schrödinger escribía en su obra *¿Qué es la vida?* que «la conciencia nunca se experimenta en plural, solo en singular». Refiriéndose a la creencia en múltiples almas predominante en Occidente, asegura que «la única alternativa posible es sencillamente atenerse a la experiencia inmediata de que la conciencia es un singular del que se desconoce el plural». En definitiva, creía que «existe una sola cosa, y lo que parece ser una pluralidad no es más que una serie de aspectos diversos de esa misma cosa, originados por una quimera (el término hindú *maya*); la misma ilusión que produce una galería de espejos, y del mismo modo que el Gaurishankar y el Everest resultaron ser un mismo pico mirado desde valles diferentes».*

---

* En realidad, ha habido bastante confusión al respecto, pero hoy se sabe que sí son dos picos diferentes: el Everest, con una altura de 8.848 m y el Gaurishankar, de 7.134 m. (N. de la T.).

Quizá no estaría de más recordar las palabras del astrónomo y poeta persa Omar Khayyám, que «nunca llamó dos al Uno», y del ancestral poema hindú que dice: «Conoce en ti y en todo la única y misma alma; destierra el sueño que cercena la parte del todo».

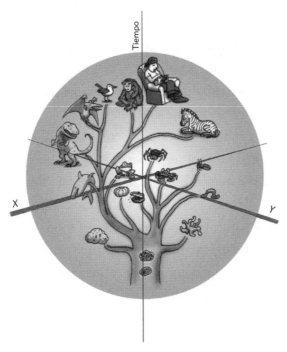

El espacio y el tiempo no son los muros duros y fríos que imaginamos. La individualidad es una ilusión. En última instancia, estamos todos unidos, somos partes de una sola entidad que trasciende el espacio y el tiempo.

Entendemos parte de ello en este momento, en sentido biocéntrico, pero a la vez nos damos cuenta de que vamos a necesitar una nueva forma de percibir, si tenemos la esperanza de comprenderlo todo. Tras haber desechado el marco del tiempo y el espacio, no tenemos un nuevo lenguaje que a nivel intelectual nos permita sentirnos cómodos con «la unidad». Y es porque cuando regresamos al lenguaje simbólico, *por fuerza* han de surgir las paradojas.

Tendemos a olvidar que todo conocimiento está relacionado. «Arriba» no tiene sentido si no hay también «abajo». «Fácil» no puede existir sin que lo acompañe el concepto de «difícil». El flujo de información es en verdad análogo a sus componentes en cuanto a codependencia, como los ceros y unos de todos los datos digitales. Hay un «encendido» o «apagado», «sí» o «no», que se necesitan recíprocamente para tener algún significado o utilidad. Haciendo uso de estos opuestos correlacionados, nuestra mente entiende el mundo.

Si mente y naturaleza están correlacinadas, ¿dónde se encuentran entre sí las mentes separadas? ¿También en este caso es todo uno? Si estuviéramos totalmente relajados, ¿podríamos observar a los demás, y sus actos y los nuestros, y sentir que la misma energía natural y fluida nos anima a todos?

¿Podemos relajarnos *realmente* y ver que nuestras actividades cotidianas se desarrollan por sí solas y que la realidad más verdadera no es la del «pequeño e indefenso yo» en medio de un vasto universo aterrador? ¿Podemos desprendernos de esa imagen, así como del miedo a la mortalidad?

Y si te cuesta un poco acostumbrarte a la «unidad» naturaleza/conciencia, si te resulta extraña o difícil de aceptar, quizá te conviene recordar que el viejo modelo cosmológico, el modelo clásico, estándar, con sus comienzos, infinitudes y contradicciones tenía mucho menos sentido. Así que cuando se nos ofrece un paradigma nuevo basado en la vida y se nos pide que desechemos el anterior, no es que ahora tengamos que preferir lo ilógico a lo lógico. El viejo modelo ha sido ilógico desde el principio. Si ha seguido vivo, ha sido principalmente por inercia. Contaba con la ventaja de la familiaridad.

El biocentrismo no puede ofrecer una respuesta definitiva a todos los misterios cósmicos. Pero al menos un razonamiento basado en la vida y en la conciencia *debe de* estar más cerca de la realidad sencillamente porque no ignora el aspecto más fundamental de la existencia.

Si eres capaz de captar, e incluso de *sentir*, la verdad de que los algoritmos de la mente crean todo lo que experimentamos, sabrás que el mismo poder que hace latir los corazones anima también al mundo.

Si es así, hemos encontrado nuestra gran teoría unificada.

17

HAS MUERTO; Y AHORA ¿QUÉ?

Porque no pude detenerme ante la muerte,
amablemente ella se detuvo ante mí;
el carruaje solo nos encerraba a nosotros
y a la Inmortalidad.

Emily Dickinson,
«Porque no pude detenerme ante la muerte», Poemas, serie uno (1890)

Aquí es donde vamos a contarte lo que ocurre una vez que has muerto. En serio.

Vale, no tan en serio, porque en realidad no te mueres.

Probablemente el 72% de vosotros supondréis, en este momento, que este capítulo va a ser un montón de estiércol de vaca; porque ¿quién puede saberlo con seguridad? Bueno, quédate un rato donde estás y decídelo tú.

Antes de entrar en la explicación biocéntrica, necesitamos dar un pequeño rodeo. Primero vamos a retroceder brevemente a la perspectiva común y cotidiana de la mortalidad, que no es lo que se dice agradable. En el mejor de los casos, crea una incomodidad que corta en seco cualquier conversación, y lo único que tiene de bueno es su tendencia a la brevedad. Básicamente, viene a decir, de golpe nos morimos y ahí se acaba todo. Esta es la perspectiva fomentada por los intelectuales, que se jactan de ser lo bastante estoicos y realistas como para no tener que refugiarse por cobardía en el «opio» espiritual que es, según Karl Marx, la creencia en el más allá. No es muy alegre, esta perspectiva moderna. Cuando le preguntaron a Woody Allen qué opinaba de la muerte, dijo: «Estoy totalmente en contra».

Si en lugar de esto eres lo bastante anacrónico como para profesar una religiosidad al estilo de la escuela dominical, la conjetura es que tu alma viajará al cielo o al infierno, donde permanecerá para siempre; o también es posible que se quede en el purgatorio, que viene a ser como la sala de espera del dentista. Y si lo tuyo son las religiones orientales, en lugar de eso aceptas que un día te despertarás en el cuerpo de un bebé, destinado al cabo de pocos años a tener que volver a aprender de memoria las tablas de multiplicar.

A nivel científico, puede que un cuerpo muerto sea fascinante, pero a la mayoría de la gente le resulta de una morbosidad muy poco atractiva. Pocos estudiantes de medicina o visitantes de funerarias se paran a filosofar: «¿Qué es exactamente esta masa de protoplasma?». Tenemos un sentido de la vista estructurado para percibir determinadas longitudes de onda de energía electromagnética —en este caso, el color gris de un cuerpo sin vida— y la ciencia puede revelarnos el peso exacto del fallecido, pero la física dice que ese cuerpo inmóvil que tenemos delante es en realidad un vibrante flujo de energía, de campos eléctricos y equivalencia masa/energía. Si pudiera utilizarse plenamente, la energía de un cadáver podría alimentar noche y día todas las bombillas de Estados Unidos durante dos años y medio. (Para ello, eso sí, haría falta que el cuerpo muerto entrara en contacto con su análogo antimateria, es decir, que tu difunto amigo George tendría que descansar en paz junto a un anti-George).

También es cierto que casi nada de lo que contiene ese cuerpo es sólido. Más del 99,9% de la materia corporal está restringida a su núcleo atómico infinitamente diminuto, y, en conjunto, no sería mayor que una mota de polvo tan minúscula que ni se vería. ¿De verdad que ese puntito insignificante, invisible, es cuanto queda al hacer una evaluación clínica de toda una vida de esperanzas y sueños? Se diría que la ciencia hace de la muerte algo más bien trivial, incluso decepcionante. Tiene que estar sucediendo algo más que lo que se percibe a simple vista.

De acuerdo, en ese caso, ¿qué es lo que percibe la *intuición*? Tal vez no pensemos mucho en ello, pero la lógica y la percepción son dos cosas muy distintas. A veces coinciden. Por ejemplo, a todos nos gusta sentarnos alrededor del fuego. A nivel lógico, tiene sentido por el colorido de las llamas, su vivacidad, sus cambios constantes, eso que tienen de cautivador. De modo que el fuego es atractivo tanto lógica como instintivamente.

Pero ahora piensa en un paseo por el campo en una noche sin luna. Desde un punto de vista estrictamente lógico, no hay nada de particular belleza; visualmente, solo son puntos blancos sobre un fondo gris oscuro. Aparte de esto, no hay más entidad visible que la Vía Láctea, una banda jaspeada blanca grisácea que cruza los cielos. ¿Qué tiene eso de especial? Y sin embargo, todo el que va al monte de acampada y sale de la tienda a mitad de la noche se queda extasiado, sin habla. Es un sentimiento intuitivo, no tiene nada de lógico.

Lo mismo ocurre cuando se produce un eclipse solar. Todo el mundo ha visto fotos de la silueta negra de la Luna ocultando al Sol, que está detrás de ella en la lejanía. Las fotos son interesantes en el mismo grado que es interesante observar a los castores construir una presa. Y no obstante, experimentar en persona un eclipse solar total hace que a muchos se les salten las lágrimas. A algunos les arranca exclamaciones semejantes a sonidos animales. Es una experiencia transformadora. En cambio, un eclipse parcial, que requiere el uso de protección ocular, no tiene el mismo efecto. El hecho de que en cualquier lugar dado de la Tierra solo se produzca un eclipse solar aproximadamente cada trescientos sesenta años lo convierte en un fenómeno muy singular, pero la razón tampoco es esa. Que el Sol, la Luna y la Tierra formen una línea recta en el espacio crea una sensación —lo que los *hippies* llamarían una «vibración»— que no tiene correlato lógico, por más que a los que lo contemplan los deje sin habla.

Lo que queremos hacer ver con todo esto es que los seres humanos percibimos y evaluamos el mundo valiéndonos de distintos medios. La lógica es a veces el instrumento más apropiado en una situación dada, mientras que en otras ocasiones el que prevalece es la percepción directa. Ambos procesos ocurren espontáneamente. A veces están de acuerdo uno con otro. Nos presentan a alguien de quien hemos oído hablar maravillas, y lógicamente esperamos que nos resulte agradable. Al darnos la mano y establecer contacto visual, percibimos una calidez que nos hace sentirnos cómodos a nivel intuitivo, y todo concuerda. Decidimos de inmediato que esa persona nos cae bien. Pero de tanto en tanto, la persona que nos presentan no nos acaba de convencer. Volviendo a la jerga *hippie*, notamos vibraciones extrañas, o nos resulta demasiado sentenciosa, tensa o desagradable de un modo u otro, cuando, en teoría, el encuentro hubiera debido ir a pedir de boca. La intuición está en conflicto con la mente lógica. Y en esos casos, ¿de cuál de las dos nos deberíamos fiar?

En la práctica, la mayoría confiamos en la intuición por encima de todo. Si estamos dedicando tanto tiempo a esta cuestión es solo para ilustrar una verdad que tal vez suene muy poco científica pero es en realidad indiscutible: que la intuición es real, y que normalmente se puede confiar en ella.

Si estás dispuesto a prolongar un poco más esta excursión que nos ha desviado de lo puramente científico, verás que este *proceso de percepción a nivel instintivo* alcanza una perfección exquisita cuando el observador deja de desenfocar lo que tiene delante, titubeando entre el plano de la lógica y el del instinto, y se centra exclusivamente en un medio de percepción o en el otro. Para resolver un problema de matemáticas difícil, necesitamos aplicar un enfoque lógico y unidireccional y no distraernos lo más mínimo; la interferencia de cualquier emoción o cualquier digresión provocada por el entorno —la puesta de sol al otro lado de la ventana, por ejemplo— es un impedimento.

Y a la inversa. El sabio, el místico, la persona iluminada se ha liberado por completo de la mente lógica, y percibe claramente la naturaleza con plena atención intuitiva. Es uno con el entorno. En ese estado, no se percibe a los demás como «los otros», sino como una sola unidad. En los ojos de cualquier desconocido, el sabio ve «el rostro de Dios». Percibe también directamente que esta única amalgama de unidad, el «Ser» que describen algunos filósofos griegos como Parménides, es inmortal. Si todo es una eterna existencia de vida y naturaleza —el verdadero «yo»—, ¿qué puede morir? El sabio es capaz de aprehender que nacimiento y muerte son meras ilusiones, y dicha percepción está acompañada de convicción, de un sentido de certidumbre. Se percibe como un *reconocimiento* de la realidad, y no como la adquisición de una idea nueva.

Un pequeño detalle más, antes de terminar con este asunto de la percepción directa. Si el biocentrismo sostiene que la naturaleza y el observador son correlativos, la percepción directa es inherentemente un proceso válido, dado que todo observador está ya conectado a la esencia del cosmos y *no está situado a distancia de él*. Por tanto, percibe las verdades del cosmos en lo más profundo de sí. ¿Podría ser de otra manera?

Así pues, nuestra última exploración intuitiva hace esta pregunta: ¿cómo es un cuerpo muerto?

Quienes hayáis estado al lado de un cadáver, tal vez de alguien muy querido, sabéis que la sensación es muy diferente de cuando esa persona estaba viva. Incluso cuando vais conduciendo y alguien se queda dormido en el asiento de atrás, sentís su presencia. La «sensación» que transmite cada persona es única. Y esto no son sensiblerías Nueva Era, aunque pueda parecerlo. Lo que ocurre es que estamos tan acostumbrados a la intangible aura de nuestros amigos y familiares que no solemos prestar atención a este aspecto de la gente que conocemos. Pero cuando estamos al lado de su cuerpo sin vida, es sorprendentemente obvio que mamá o Bill no están ya ahí. El sentimiento es tan radicalmente otro que resulta desconcertante, incluso estremecedor. No es solo que ya no se muevan ni respiren. De hecho, cualquier agente funerario te diría que es habitual oír a la gente decir: «Mamá se ha ido, esa no es ella».

Cierta cualidad consciente y vibrante que era la persona a la que conocíamos y queríamos está ahora ausente. En pocas palabras, vemos que *esa persona no es su cuerpo*. Lo que no hacemos es aplicarnos esta revelación a nosotros. Si esa persona no es su cuerpo, tampoco nosotros somos el nuestro.

Por tanto, identificar el cuerpo con el «yo» es el primer error que cometemos cuando intentamos indagar en ese inquietante asunto de la mortalidad. Nos miramos las extremidades y decimos: «Es mi mano», pero ¿quién es el «yo» que posee la mano? Teóricamente, podríamos ir cercenándonos todas las partes del cuerpo hasta que solo quedara un cerebro metido en un tarro y mantenido con vida a base de nutrientes, y seguiríamos sintiendo: «Aquí estoy. ¡Sigo siendo plenamente yo!». Y si ese sentimiento de ser «yo» perdura independientemente de qué porcentaje de nuestro cuerpo haya desaparecido (puedes preguntarle a cualquier desafortunado veterano de guerra que haya sufrido amputaciones múltiples), ¿sería posible que el hervidero eléctrico que constituye la conciencia pudiera mantenerse con vida en algún tipo de contenedor futurista hecho de plasma? ¿No comprenderíamos entonces sin sombra de duda que realmente no somos nuestro cuerpo?

Los animales no tienen este problema. Tu gata no sabe cuál es su aspecto. No sabe ni que es una gata. No se imagina que tenga un cuerpo de ningún tipo. Se lame no porque quiera tener buena presencia, sino porque es un acto que le sale natural e instintivamente; siente que es lo que ha de hacer. Tal vez te lama a ti también, si tienes la mano cerca.

El cuerpo muere. El verdadero «yo», no. O al menos, una vez que has entendido con claridad que no eres tu cuerpo, la cuestión de qué le sucede al «yo» es un tema enteramente distinto.

Volvamos a hacer entrar al biocentrismo. El sentimiento de «yo», de la conciencia en sí, podría considerarse una nube de energía de 23 vatios (el consumo de energía cerebral que conlleva producir nuestro sentido de «ser» y su miríada de manifestaciones sensoriales). La energía, como aprendimos en la clase de física en el instituto, nunca se pierde. Puede cambiar de forma, pero nunca se disipa ni desaparece. Así pues, ¿qué sucede cuando esas células cerebrales mueren?

En primer lugar, no olvides que los algoritmos mentales crean la idea que tienes de tu cerebro, y que una arquitectura sensorial específica crea la *apariencia* del cerebro cuando lo diseccionamos en la facultad de medicina. Hemos visto ya

detalladamente que ni el espacio ni el tiempo son reales en ningún sentido, salvo como apariencias o instrumentos de la mente.
Por tanto, nada que parezca ocupar espacio (como el cerebro o
cualquier otra parte del cuerpo) o perdure en el tiempo (nuevamente, el cerebro o cualquier otra parte del cuerpo) tiene una
realidad absoluta, sino solo una aparente realidad creada por la
mente. Basta con que la mente cambie sus complejos patrones
neuroquímicos para que la apariencia del espacio y del tiempo
se desvanezca como el humo.

En el biocentrismo, está claro que las esferas de realidad
correlativas no presentan un orden espaciotemporal absoluto
independiente del observador. Solo el observador crea el espacio y el tiempo; así que, de entrada, no podemos fingir que hay
algún tipo de matriz espaciotemporal absoluta en la que un cuerpo muere. En realidad, en sentido absoluto, ni siquiera podemos
decir (estando ausente el observador) qué sucesos han ocurrido
antes que otros. El tiempo y la secuenciación no significan nada
para la naturaleza.

Dado que el espacio y el tiempo son instrumentos (conceptos) de nuestra mente, y no objetos externos reales como los pepi-
nos, todo el conocimiento que tenemos es relacional y está basado
en estas relaciones espaciotemporales. No podemos comprender
nada fuera de este sistema de pensamiento espaciotemporal. La
estructura de la naturaleza (o de la mente) previa al pensamiento,
a la que, por falta de un término más adecuado, llamaremos simplemente *información*, carece de significado espaciotemporal hasta
que los algoritmos de nuestra mente le imponen un orden. Por
consiguiente, pensar que «se va» es un error, pues lleva implícitos
los conceptos temporales de antes y después.

En resumen, la propia idea de la muerte, de convertirnos
en nada, carece de significado. «Convertirse en nada» puede

parecer un concepto tangible, pero en realidad es igual de insustancial que la palabra *hace* en la frase «hace buen tiempo»; cumple una función lingüística, pero no tiene presencia en el universo físico de hecho. La información que constituye nuestro «yo», o nuestra percepción consciente, existe fuera del pensamiento lineal espaciotemporal.

Y puesto que el tiempo no existe, no hay un «más allá», un «después de la muerte»; lo único que hay es la muerte de nuestro cuerpo físico en el ahora de otra persona. Todo es siempre un ahora. Y como no hay una matriz espaciotemporal independiente y absoluta en la que pueda disiparse la energía, es sencillamente imposible «ir» a ninguna parte. Siempre estarás vivo.

Experimentamos solo una realidad en la que el algoritmo crea la pujante sensación de «yo» o de la naturaleza, del mismo modo que la aguja del fonógrafo manifiesta un sonido al colocarse sobre el disco. El proceso convierte esta información en la realidad tridimensional que conocemos y experimentamos, como ocurre con la música que suena en cualquier momento dado. Todo el resto de la información contenida en el disco (en la naturaleza o el cosmos) existe en superposición, como potencial.

Podemos imaginar que cualquier historia causal de la que es efecto el «ahora» que experimentamos es el «pasado» (es decir, las canciones que han sonado antes de donde está la aguja en este momento), y que cualquier suceso causal que siga al «ahora» (es decir, al «presente») ocurrirá en el «futuro» (es decir, las canciones o la música que siguen al lugar donde esté la aguja en este instante), pero en realidad solo existe el *ahora*. Los otros dos estados aparentes, el pasado y el futuro, únicamente se materializan una vez que la mente ha creado su realidad tridimensional. Por tanto, cuando «mueres», el estado previo a la muerte, que incluye tu vida actual con sus recuerdos, vuelve a entrar en superposición, esto es, en la parte del disco que presenta solo información.

En resumen, la muerte en realidad no existe. Si queremos determinar de algún modo la naturaleza de los cambios que se producen al disolverse el cuerpo, podríamos imaginarla como un reinicio; indudablemente, una experiencia positiva, una renovación. En el momento de la muerte, finalmente llegamos al extremo imaginario del «yo» que creemos ser, la frontera boscosa donde, en palabras del viejo cuento de hadas, el zorro y la liebre se dan las buenas noches. Pero si el tiempo es una ilusión, también lo es la continuidad de los ahoras. ¿Dónde nos encontramos, entonces? ¿En escalones que pueden intercalarse en cualquier parte, igual que aquellos, como dijo Emerson, que Hermes le ganó a los dados a la Luna, gracias a los cuales pudo nacer Osiris?

✳✳✳

Repetimos, el pasado y el futuro son ideas relativas a cada observador individual. Sabes que tenías una abuela que también tuvo una abuela. Son ideas, es cierto, pero no es aventurado asumir que cada una de esas mujeres tendría su propia burbuja de realidad espaciotemporal, de la misma manera que asumes que las personas que hay a tu alrededor experimentan cada una su particular esfera de realidad basada en el espacio y en el tiempo, pese a que fundamentalmente todas son una con la naturaleza y, en el sentido más esencial, inseparables del todo.

No hay una matriz de «tiempo» que avanza a ritmo acompasado entre esas esferas, puesto que el tiempo no existe salvo como concepto mental en cada observador individual. Lo más importante es recordar que el pasado, el presente y el futuro *entre* esas burbujas de realidad separadas no tienen ningún significado. De modo que tampoco lo tiene ninguna clase de muerte seguida en el tiempo por un renacimiento.

Muchos creen en la reencarnación, y, en un sentido limitado, puede que ocurra algo así. Pero en el verdadero sentido, ¿qué es lo que puede reencarnarse cuando, de entrada, no existe la muerte?... Por no hablar ya de que en realidad no existen individuos separados en el correlato naturaleza/conciencia que constituye el único y solo Ser eterno. En definitiva, la conclusión, lo que puede sacar en claro de todo esto quienquiera que tenga miedo a la muerte, es que la conciencia es continua, nunca se interrumpe.

No es de extrañar que, hace dos mil cuatrocientos años, Parménides corriera por las calles de Elea —metafóricamente hablando— para difundir la feliz noticia de que la realidad es de hecho sencilla y segura. Lo mismo que a Zenón, que vivía a la vuelta de la esquina, le desconcertaba la noción de un cosmos múltiple y diverso marcado por la mortalidad, noción que estaba empezando a ganar adeptos entre los filósofos griegos más jóvenes, al parecer propensos a darle demasiadas vueltas a todo.

Al igual que Parménides, tú y yo sabemos que el tiempo no existe excepto como una serie de ideas en el ahora. Por tanto, el «pasado» y el «futuro» son ilusorios. Y como ellos, cualquier idea que dependa del tiempo, incluida la mayor y más terrible: que tú, que existes como conciencia, puedas dejar de ser.

Como escribió Einstein poco antes de su muerte, en 1955: «Para nosotros, físicos convencidos, la diferencia entre pasado, presente y futuro no es más que una ilusión, aunque muy tenaz».

18

GRANDES ILUSIONES

Hay en nosotros [...] la necesidad de engañarnos de continuo con la espontánea creación de una realidad que se revela vana e ilusoria.

Luigi Pirandello,
fragmento autobiográfico de *Le Lettere* [La carta] (1924)

E l biocentrismo sostiene que todo es relacional, y es verdad. La mayoría vivimos bajo la empecinada ilusión de que hay un «áspero» independiente, sin un «suave» que lo acompañe; imaginamos un «ahí fuera» real que existe separado de nuestro «yo» consciente y un mundo externo insensato que constituye el grueso de la realidad, así como un «pequeño e indefenso yo» separado, que se enfrenta a él.

Esta ilusión nos hace sentir que la inmensa mayoría del cosmos es materia inerte, sin vida. Que nuestra chispa de experiencia personal separada resplandece brevemente como un incidental bit de animación rodeado de un vacío permanente y muerto. No es de extrañar que nos cree una sensación tan liberadora ver el cosmos por lo que realmente es: una entidad centrada en la vida. Al hacerlo percibimos al fin la maravilla de sus atributos, y el sentimiento de «yo», asociado a la idea de estar separado de los demás, se desvanece.

Para adquirir esta perspectiva, quizá tengamos que empezar por darnos cuenta de que la vida y la existencia son mucho más de lo que creíamos. «Nombra los colores y habrás cegado el ojo», dice un viejo proverbio chino. Si solo «ves» las tonalidades a las que se les ha asignado un nombre, te estás perdiendo toda la variedad de sensaciones de color. Es la lógica la que crea estas ilusiones, y se extienden a todo. Por ejemplo, creemos que el cerebro gobierna el resto del cuerpo. Pero con la misma facilidad podríamos imaginar que el estómago o el hígado —ávidos de glucosa y energía— han desarrollado un cerebro para que obedientemente busque y conspire hasta encontrar alimento para saciarlos. En realidad, nada está separado de nada, nada gobierna sobre nada; todo actúa unido. No estamos habituados a verlo de esta manera, sobre todo debido a la maquinaria intelectual, que crea símbolos de las cosas tras haber dividido la realidad en un número relativamente pequeño de partes diferenciadas. A nivel lingüístico, existen objetos separados solo si les hemos puesto nombre, lo cual nos hace pasar por alto la mayor parte de la vida, y sin lugar a dudas constituye una experiencia mucho más limitada que percibir la unidad de todas las cosas.

Tal vez no pensemos mucho en ello, pero las ilusiones son nuestras compañeras habituales. Si observamos algunas de ellas y vemos su prevalencia, igual nos sentimos más dispuestos a echar por la borda muchas convicciones comunes. A menudo empiezan con rutinarias construcciones de frases en las que soy «yo» quien reflexiona sobre la realidad o «yo» quien observa las galaxias. Por tanto, al examinar las ilusiones, no debemos ignorar el problema más íntimo y espinoso: nosotros. El sentimiento de «yo» emerge de una nube de extenuación eléctrica que se forma en la cabeza y que ha condenado a los filósofos y a los investigadores del cerebro a un estado de confusión casi permanente.

¿Es el «yo» que sueña despierto y pide una bebida una entidad distinta del «yo» que realiza funciones diversas en el interior de los riñones? ¿Dónde empieza y termina el «yo»?

Si queremos ser estrictamente objetivos y científicos, podríamos definir el «yo» —el sí mismo— como el cuerpo y afirmar que la epidermis constituye sus límites. Es decir, «yo» soy todo lo que está contenido en esta bolsa impermeable de piel. Si, por el contrario, nos basamos en el sentido subjetivo de «yo» que tenemos cada uno de nosotros, se vuelve mucho más complicado dar una definición. A fin de cuentas, probablemente nunca hayamos pensado que los dedos de los pies fueran plenamente «yo»; siempre habíamos considerado que eran los dedos de «mis pies», una posesión nuestra.

Mis brazos, mis piernas, mi hígado... Pero ¿quién es el que los posee? ¿El «Yo»?

Esta es la cuestión fundamental que planteó hace setenta años el gran sabio del sur de la India Ramana Maharshi. Promovió incansablemente el método del «¿quién soy yo?» para desentrañar los misterios más profundos. Es sencillo, insistía. No os atormentéis con interminables preguntas sobre Dios, la existencia, el destino y todo lo demás; mejor, averiguad quién es el que quiere saber todo eso. ¿Quién es el que experimenta esa tortura mental?

Y así, como meditación, recomendaba simplemente ver de dónde nacía la experiencia del «yo», y qué era. ¿Quién soy yo? El momento de la Revelación con mayúscula y todos sus beneficios le corresponderían solo a quienquiera que se tomara el trabajo de «mirar dentro» y ver a dónde lo llevaba.

La persona que indagara así, con toda sinceridad y entrega, finalmente se encontraría con que no había nadie en casa. Descubriría que no hay un sí mismo individual separado, sino solo un torrente de pensamientos. O, dicho de otro modo, ese momento de revelación le permitiría ver con claridad que el «yo» era o nada en absoluto o el cosmos entero. Una de las mayores ilusiones de todos los tiempos es, por consiguiente, la existencia de una «Jessica» o un «Michael» mortales y separados..., de un tú como entidad independiente y con una existencia separada del cosmos.

Por eso Ramana Maharshi solía aludir al universo como «el Sí mismo», en mayúscula, frente al falso sentimiento de sí mismo en minúscula, que concebimos como una especie de loro parlante que habita en la cabeza.

Sin embargo, tampoco fue esta una percepción exclusiva del hemisferio oriental. Once años después de recibir el Premio Nobel de Física, Erwin Schrödinger escribió:

> ¿Qué es ese yo? Analizándolo minuciosamente, se verá que no es más que una colección de datos aislados (experiencias y recuerdos), es decir, el marco en el cual están recogidos [...]
> Incluso aunque un hábil hipnotizador consiguiera borrar todas las reminiscencias anteriores, usted no tendría la impresión de que lo han matado. En ningún caso habría que deplorar la pérdida de una existencia personal, ni ahora ni nunca.

Lo que intentamos decir, una vez más, es que las conclusiones biocéntricas a las que hemos llegado —que no existe la muerte, ni el tiempo, ni el espacio, sino una única entidad viva, que excluye la posibilidad de un universo aparte, muerto, existente al margen de la vida y la conciencia— son una realidad con base científica, pero también las conclusiones a las que llegaría cualquiera con solo reflexionar un poco o contemplar con atención lo que sucede dentro de su mente.

Y lo que sucede abarca tanto el interior de nuestro cuerpo como el universo exterior. En realidad, no hay diferencia. Somos una amalgama, una entidad constituida por el mundo de fuera y el cuerpo/mente. Como un árbol cuyas raíces se ramifican hacia abajo y hacia los lados y cuyas ramas más altas y finas ascienden y se extienden, nosotros también lo somos todo: aire, agua, corrientes eléctricas, el planeta en sí y nuestro cuerpo/mente, integrados e interrelacionados todos como organismo vivo. No surgimos del universo. No somos una mera *expresión* del cosmos. *Somos* el cosmos. Su aire y su agua son nuestro ser, y no estaríamos vivos sin esa inseparabilidad.

En total contraposición al sentimiento «indefenso e insignificante» del «yo», las ilusiones pueden ser también enormes en el plano físico. En el 2012, un equipo de la Universidad de California en Berkeley estudió novecientas mil galaxias y vio que el espacio a gran escala no da señales de combarse. ¿La conclusión? El carácter llano de esta topografía a gran escala indica que el universo es probablemente infinito, ya que un cosmos finito mostraría una curvatura en su espacio-tiempo, causada por la enorme masa de sus galaxias combinadas con materia oscura. Este nuevo descubrimiento indica que el inventario cósmico de galaxias y planetas no tiene fin. En abril del 2013, Debra Elmegreen, presidenta de la Sociedad Astronómica Estadounidense en aquel tiempo, se desentendió del tema, cuando uno de los autores le preguntó qué le sugería la noticia de que el cosmos visible esté envuelto en una matriz infinitamente mayor, diciendo: «Aunque solo podamos observar una fracción pequeñísima del universo, es más que de sobra para tenernos ocupados».

Pero erró ligeramente con su comentario. No es un pequeñísimo porcentaje el que puede observarse. Cualquier fracción del infinito es cero, ¿entiendes? Significa que no somos capaces de ver ni siquiera unas pinceladas de la obra maestra celeste. De ahí que, como apuntamos brevemente en el primer capítulo, lo único que podemos tener la esperanza de observar jamás es el 0%. Y cuando el tamaño de una muestra es cero, ninguna conclusión es fiable. Por tanto, esta ilusión se extiende a todo lo que creemos saber sobre el cosmos.

Piensa por ejemplo en la idea, popular entre algunos cosmólogos, de que todo empezó de la nada. En pocas palabras, la fuerza de atracción positiva de toda la masa y de la gravedad se contrarresta con la fuerza de repulsión negativa de la energía oscura. Y positivo y negativo se anulan. Así que algunos teóricos concluyen impasibles que el universo es fundamentalmente nada.

¿De qué nos sirve esto? ¿Es un razonamiento válido, o meras palabrejas técnicas? ¿Realmente se puede obtener algo de una auténtica nada? Considerar las cosas «positivas» y «negativas» y decir luego que se anulan y dan lugar a la nada no significa que *realmente* sean positivas o negativas salvo como clasificaciones mentales.

La verdad, y la razón por la que nos tomamos siquiera la molestia de «ir tan lejos» como para hablar de los estudios a gran escala del cosmos, es que el Gran Todo sigue entrañando profundos e inefables misterios. Werner Heisenberg dijo en una ocasión: «La ciencia contemporánea, hoy más que nunca, se ha visto obligada por la propia naturaleza a plantear de nuevo la cuestión de si es posible comprender la realidad a través de los procesos mentales».

Ningún físico puede evitar plantearse las inaprensibles cuestiones de cómo se materializó el universo o incluso si tuvo un principio. El momento cero del *Big Bang* sigue siendo un misterio absoluto, independientemente de que uno se aferre al modelo clásico de un cosmos separado de la conciencia o no. Pero ni siquiera considerar que esa Gran Explosión fuera el «comienzo» del cosmos nos deja avanzar un solo paso, puesto que nadie sabe nada de la posible entidad infinita en la que se produjo. Sobre el gran cosmos, solo podemos hacer conjeturas, ya pensemos que es el ámbito clásico que trasciende el horizonte observable de una expansión que se produce a la velocidad de la luz o el ámbito biocéntrico que se abre más allá de los algoritmos de la mente.

Las cuestiones fundamentales —¿tuvo principio el universo?, ¿qué tamaño tiene?, ¿de qué está hecho realmente?— siguen siendo un enigma en los modelos estándar no biocéntricos incluso de nuestros días. Y por si fuera poco, el carácter inescrutable de la conciencia, al que se enfrentan por igual la física clásica, la mecánica cuántica y el biocentrismo, añade al batiburrillo un elemento de misterio.

Aun retrocediendo a los conceptos más simples, como son «algo» y «nada», uno de ellos tuvo que ser creado, ya fuera en el *Big Bang*, obra de Dios o producto de la que quiera que sea tu concepción particular de la génesis. Si crees que existe un mundo real e independiente ahí fuera, la creación es precisamente el gran interrogante al que el *Big Bang* no sabe responder, salvo con unas cuantas teorías tangenciales que en realidad no explican nada. Si no había nada antes de la Gran Explosión, significa que todo fue creado súbitamente de la nada. Debería ser más que obvio para ahora que los conceptos contemporáneos referentes a la verdadera naturaleza de este universo son como el paseo de un sonámbulo por el onírico reino de la ilusión. ¿Cómo escapar de ellos?

En principio, asimilando que sencillamente no hay un mundo real «ahí fuera» separado de nosotros. El *Big Bang* forma parte de un concepto relacional, de una lógica relacionada con el observador. No hay necesidad de crear nada físico, puesto que todo es siempre el mismo concepto mental siempre presente.

El biocentrismo sostiene que no podemos desentrañar *nada* fuera de la lógica espaciotemporal a la que atienden los algoritmos de la mente. Si nos preguntamos cómo es que *eso* ha llegado a ser, si tuvo un principio, o todos los demás imponderables similares, estamos de vuelta en el *Ser* de Parménides y los místicos: si la verdad puede aprehenderse directamente en estados «de iluminación», que así sea. Pero en el marco de la ciencia y de la lógica, en caso de querer saber qué hacer con esos territorios inexplorables, no tendría por qué ser una empresa o emocionante o deprimente. A los griegos de la Antigüedad no les preocupaba lo más mínimo. En general, la futilidad los divertía; si algo escapaba claramente a su entendimiento, se reían y se servían otro vaso de vino.

El primer paso para pulverizar la ilusión es deshacernos del paradigma actual de un universo muerto, igual de anticuado que la convicción de que la Tierra era plana, mantenida al parecer un día por mentes que avanzaban al mismo paso de tortuga. Aun habiéndonos deshecho de él, puede que nos sigan confundiendo cuestiones que son imposibles de comprender mediante la matriz del simbolismo lógico, esto es, del lenguaje.

El segundo paso demoledor de ilusiones es librarnos del sentimiento de «yo». Aunque entendamos que este «yo», nosotros, es lo que crea el marco del tiempo y el espacio, probablemente no baste con eso para tener la experiencia exuberante y plena de la unidad. El problema es que los potentes instrumentos tecnológicos de que disponemos aumentan nuestra capacidad de percepción, pero también nuestras ilusiones (por ejemplo, cuando usamos un telescopio): a la par que nos invade un sentimiento de admiración y asombro ante la vastedad del universo, nos sentimos aún más pequeños e irrelevantes. Por tanto, los conocimientos de la ciencia moderna rara vez nos aproximan a cómo son de verdad las cosas en el contexto del Gran Todo.

Es un extenso ámbito, el de los fantasmas visuales y las ilusiones ópticas. El nuestro es un universo muy curioso, en el que lo real, como el amor, los neutrinos y la materia oscura, no se puede ver, y que, por el contrario, contiene entidades de apariencia viva y atrayente que carecen por completo de existencia física. Hemos despertado en la sala de los espejos.

Son en verdad cautivadores sus incontables reflejos. No obstante, si estamos dispuestos a traspasar el velo de las apariencias, el biocentrismo abre todo un nuevo mundo de posibilidades.

19

¿QUÉ SERÁ LO SIGUIENTE?

Mi ojo afanoso se deslumbra ante ello, como ante la eternidad.

Henry Vaughan,
Childhood [Niñez] (1655)

En un libro que dedica tantas páginas a invalidar el tiempo, el título de este capítulo puede resultar desconcertante. Pero hay algo que conviene explicar, a la hora de ver qué hemos sacado en claro de todo esto, y es que no se trata de «subir de nivel» en la vida cotidiana y hablar o comportarnos como si tuviéramos el privilegio de vivir solos en una isla. Tenemos compromisos que cumplir. Vivimos en una sociedad basada en un concepto unánimemente aceptado del tiempo, y hemos de actuar en consonancia si no queremos que nos encierren en un psiquiátrico.

Un considerable porcentaje de los seres humanos le buscamos «un sentido a la vida» o intentamos descubrir qué es real, aunque solo sea porque teóricamente queremos ser totalmente sinceros con nosotros mismos. El paradigma biocéntrico es una importante ayuda para comprender el cosmos, y la evidencia científica que lo respalda es formidable ya en la actualidad. Sin embargo, el hecho de que la perspectiva en la cual se sustenta –la unidad de la naturaleza y el observador, con todas sus implicaciones, entre ellas principalmente la irrealidad de la muerte– llegue a tener mayor aceptación será sin duda consecuencia de las continuas verificaciones científicas.

Al fin y al cabo, la ciencia del pasado siglo ha modificado ya por completo la percepción que teníamos del tamaño del cosmos (antes de 1928, año en que Edwin Hubble precisó con más exactitud la distancia a las «nebulosas espirales», como entonces se las llamaba, se presumía que había una sola galaxia); ha echado por tierra la creencia en la localidad (en que los efectos físicos solo pueden estar causados por acciones, objetos o fuerzas cercanos); ha tachado de la lista a Marte como probable planeta con vida, y ha desvelado otras muchas revisiones de los conceptos de la realidad reinantes (sobre todo entre 1905 y 1915, cuando Einstein y luego la mecánica cuántica cambiaron la física para siempre). Algunas de dichas revelaciones modificaron, sutil pero decisivamente, la forma de vivir el día a día.

No todos los nuevos conocimientos tuvieron un efecto psicológico positivo en la mentalidad de la época. La hipótesis, que la ciencia difundió cada vez más insistentemente en el siglo XX, de un universo tosco y aleatorio, en el que la vida había aparecido por azar, tuvo como efecto secundario que la psique humana se aislara del cosmos. Probablemente hizo que casi todo el mundo se sintiera irrelevante, y afortunado de haber nacido siquiera. Esto, unido a un distanciamiento de la religión cada vez más extendido, posiblemente diera lugar a la idea de que, en un cosmos regido por accidentes y no por un plan o la perfección, más nos vale a los seres humanos explotar el medioambiente y apropiarnos de lo que podamos. Un universo fundamentalmente separado de nosotros, en el que aparecimos por pura casualidad, es a la vez un cosmos que podría volverse contra nosotros en cualquier momento. Esta hipótesis ha creado una perspectiva de antagonismo: la humanidad contra la naturaleza.

Los modelos vigentes, en lugar de ayudarnos, solo pueden hacer que nos sintamos aislados del cosmos e indefensos, lo cual tiene efectos constantes en nuestras perspectivas de todo. Por consiguiente, la cosmología del siglo xx no solo ha demostrado ser incapaz de ofrecernos ninguna imagen coherente de la realidad, sino que además nos ha enajenado de la naturaleza en el sentido más fundamental. De modo que sí, la ciencia puede influir e influye en nosotros a nivel experiencial y emocional, no solo intelectual.

Por eso, confiamos en que habrá futuras investigaciones que no solo corroboren el modelo biocéntrico del cosmos, sino que finalmente lo incorporen a nuestras perspectivas del mundo. A nivel personal, ¿qué podemos ganar *concretamente* con esto cada uno de nosotros?

Primero, por supuesto, comprender verdaderamente la realidad de que somos uno con la naturaleza, y no seres separados de ella, que la conciencia es correlativa con el cosmos, nos ayuda de inmediato a atenuar la guerra contra el medioambiente. No puedes hacerte la guerra a ti mismo (bueno, igual sí puedes en algún sentido, pero ya me entiendes). Es indudable que debe de aflorar en nosotros alguna clase de paz o satisfacción, al comprender que este ser que somos está íntimamente interrelacionado con las galaxias; como poco, debe de crear cierta relajación, y no un constante conflicto psicológico con el entorno.

Segundo, lógicamente es una satisfacción haber encontrado una perspectiva del mundo que por fin tiene sentido. Todos los persistentes experimentos cuánticos que apuntan a la importancia del observador, todas las incómodas razones por las que una imagen de la realidad basada en el tiempo y el espacio no se sostiene..., en fin, será un alivio poder desterrar todas esas conflictivas excentricidades de la ciencia ante las que la mayoría de la gente se encoge de hombros por considerar que no está capacitada como para entender de física. Nosotros queremos que la ciencia sea coherente, incluso en las cuestiones de mayor magnitud. Y ahora puede serlo.

Tercero, esta perspectiva plantea nuevas líneas de investigación muy tentadoras, una combinación de biología y física que está pendiente desde hace mucho. Hay iniciativas inmediatas que están ya en marcha, entre ellas la de averiguar qué relevancia tiene la mecánica cuántica en el mundo macroscópico de nuestra realidad cotidiana. Dado que la teoría cuántica ha revelado ya sobradamente el íntimo vínculo que existe entre el observador y lo observado, así como la conexión entre objetos aparentemente separados por distancias de cualquier magnitud, será divertido ver las consecuencias de esta teoría, no ya en entidades submicroscópicas, sino en objetos visibles.

Ya está sucediendo. Sin embargo, convendría entender las razones por las que los efectos de la teoría cuántica son espectacularmente «descarados» cuando estudiamos el comportamiento de elementos minúsculos, pero mucho menos obvios cuando se trata de vastas agrupaciones de átomos, y completamente imposibles de apreciar por ahora cuando observamos la Luna o una locomotora. Tiene que ver con la naturaleza de onda de todo cuanto existe, ya que toda la materia está compuesta fundamentalmente de ondas, o al menos se comporta así cuando realizamos los experimentos adecuados. Las ondas de luz, los electrones y otros objetos diminutos son muy pequeños y coherentes, lo cual significa que, cuando los observamos, exhiben propiedades como la polarización y la frecuencia; y efectos cuánticos de aspecto tan fantástico como el entrelazamiento y el efecto túnel (que los objetos atraviesen instantáneamente barreras que la física clásica consideraba impenetrables y se materialicen al otro lado) se manifiestan repetidamente en objetos de este tamaño.

En realidad, *sí* se manifiestan visualmente efectos cuánticos en nuestro mundo macroscópico del día a día. Los irisados colores de una pompa de jabón y las preciosas tonalidades de las plumas del pavo real y de las conchas marinas son ejemplos de difracción, un efecto de onda cuántico. Incluso ondas mayores (más espaciadas) pueden mostrar efectos cuánticos, como cuando las señales de una emisora de radio se curvan en presencia de objetos sólidos para poder oírse en lugares a los que la física clásica habría considerado imposible que llegaran.

Pero cuando miramos una gran roca, nos encontramos con una enorme colección de ondas dispares, dada la gran cantidad de átomos separados que forman el objeto. Siguen produciéndose efectos cuánticos, pero su naturaleza probabilística hace muy difícil que la función de onda de todos ellos se colapse de un modo idéntico, sobre todo si se trata de un modo poco probable. Quién sabe, quizás la próxima vez que entres en la cocina el frigorífico se haya desvanecido porque se ha rematerializado en la Casa Blanca. *Podría* ocurrir. La ciencia muestra que no es imposible. Pero lo más fácil es que no ocurra hasta haberse producido tantísimos otros colapsos probabilísticos de la función de onda conjuntos, y mucho más probables, que no se podría observar hasta mucho después de concluida la presencia humana estimada en este planeta.

Lo importante es recordar que los objetos minúsculos tienen ondas fácilmente detectables que pueden interferir unas en otras, anularse o amplificarse, a diferencia, por ejemplo, de las bolas de béisbol. Si una bola de béisbol choca contra otra, no es razonable esperar que ambas desaparezcan. De modo que es el conjunto de todas las ondas lo que hace tan difícil poder detectar los efectos cuánticos en el mundo visual de nuestro día a día. En el ámbito cuántico, los objetos existen y no existen simultáneamente, o es posible verlos comportarse simultáneamente de diversas maneras mutuamente excluyentes. Pero en el mundo cotidiano clásico, la situación es bien una o bien otra. A diferencia de un electrón, un melón está o aquí o ahí, pero no en los dos sitios a la vez.

¿Por qué? ¿A qué tamaño, o en qué condiciones, tiene lugar la transición del comportamiento cuántico al clásico? Muchos creen que la «decoherencia» cuántica –el hecho de que un objeto pierda la extrañeza cuántica y la realidad de ser ambos estados simultáneamente– se produce rápidamente por la interacción con el medio, luego cuanto mayor sea el objeto, más rápido ocurre, dada la enorme cantidad de átomos que participan. Otros piensan que tal vez la propia gravedad sea la causa del retorno a la física clásica. Hay también quienes postulan que algunos estados cuánticos, como el impulso, son más resistentes que otros a la pérdida de coherencia, y que, en virtud de una especie de darwinismo, las propiedades más obstinadas conservan la cualidad cuántica con más persistencia. Sin embargo, otros sostienen que los efectos cuánticos pueden apreciarse a nivel visible incluso en objetos de gran tamaño. Todo esto tiene relevancia para el biocentrismo porque revela lo manifiestamente indispensable que es el observador para lo que llamamos «el mundo externo», así como la irrealidad del espacio y el tiempo.

El mundo cuántico y el clásico parecen muy diferentes, pero cómo cambian de comportamiento los objetos físicos para pasar del uno al otro sigue estando poco claro y siendo tema de intensa investigación en nuestros días. Recientemente, los físicos han hallado nuevas explicaciones alternativas que, una vez más, lo ponen todo en función del papel del observador. La idea en sí es que cualquier sistema físico manifiesta un comportamiento cuántico cuando se lo observa con unas mediciones muy precisas, pero se transforma en un sistema clásico en cuanto las mediciones son demasiado bastas o difusas, como es el caso cuando se trabaja con un agregado de tantas partículas o fotones como encontramos en el mundo visual. Dicho de otro modo, es el embastecimiento de las mediciones lo que obliga a la transición de lo que llamamos cuántico a lo que llamamos clásico. De ser esto cierto, la dependencia del observador es entonces incuestionablemente lo que lo decide todo a todos los niveles.

En la segunda década del siglo XXI, el principal problema de las investigaciones para llegar científicamente al fondo de todo esto ha sido descubrir que una medición tosca *no* provocaba indefectiblemente la transición al comportamiento clásico, lo cual dejaba a los investigadores con la incertidumbre de cuáles son exactamente los parámetros necesarios para provocar el paso de lo cuántico a lo clásico. No obstante, en un estudio realizado en el 2014, publicado en la revista *Physical Review Letters*, los físicos descubrieron que la «medición» es de hecho un proceso dual. En contra de lo que hasta entonces se creía, la detección final no es el único componente. Obtener toda la información conlleva además establecer y controlar referencias de medición, como el momento o el ángulo, que son esenciales para que nuestra mente pueda entender de verdad lo que ocurre. Los físicos se dieron cuenta de que, cuando estas referencias se controlan, la transición al mundo de la física clásica es invariable e inevitable. Todo ello hace que los conocimientos del observador estén firmemente instalados en lo que sucede, es decir, en cómo se manifiesta el cosmos.

Por consiguiente, todavía estamos aprendiendo cuándo es válido y apropiado prescindir del pensamiento lógico, que ha predominado desde hace tanto y que está enraizado en el realismo local. Repasando lo que explicábamos en el capítulo siete, la perspectiva clásica sostiene que un objeto está presente tanto si lo medimos como si no, y que el objeto alberga siempre toda la información necesaria para determinar su comportamiento. Si el detector muestra que ha adoptado un comportamiento en particular, el pensamiento clásico diría que podemos concebir cómo actuó antes de que lo observáramos, por ejemplo qué trayectoria ha seguido para llegar a donde ahora lo vemos.

Pero el biocentrismo y su pensamiento nada clásico es mucho más efectivo, pues nos muestra que la información que no se obtiene específicamente mediante instrumentos de experimentación no tiene de hecho existencia real independiente ni historia preexistente. Esto significa que la partícula no siguió en realidad ningún «camino» antes de que la observáramos, y ni siquiera «tiene» un camino cuando la observamos, a menos que el experimento esté ideado concretamente para averiguar el camino. La clave es que la realidad de esa partícula *es* nuestra observación.

En nuestros días, algunos fenómenos cuánticos como el entrelazamiento o el efecto túnel son de enorme interés para los investigadores, no porque muchos de ellos se hayan propuesto encontrar pruebas de la correlación naturaleza/mente que postula el biocentrismo, sino simplemente para explotar estas propiedades con fines comerciales. Destaca entre ellos el potencial de obtener respuestas mucho más rápidas en las siguientes generaciones de ordenadores, dado que los fenómenos cuánticos operan en el ámbito atemporal de la instantaneidad, y no limitados por la velocidad de la luz, como es el caso de la electricidad. Por tanto, podemos dar por sentado que las realidades cuánticas se explotarán cada vez más con fines prácticos en los años venideros.

Fíjate en lo apasionante que empezará a ser todo esto cuando empecemos a ver estos efectos dependientes del observador en el mundo macroscópico de nuestro día a día. Se está llevando ya a cabo una enérgica búsqueda de estos disparatados efectos cuánticos en el nivel de lo visible, y todos los años hay diversos laboratorios del mundo que informan de sus éxitos. Por ejemplo, en un artículo que publicó en el 2010 la revista *Nature*, un equipo de físicos de la Universidad de California explicaban una demostración de los efectos cuánticos visibles en un sistema mecánico, una especie de pequeño tambor con partes móviles apenas perceptibles a primera vista. El mayor problema había sido encontrar el modo de enfriar todos los átomos de los objetos hasta alcanzar el «estado cuántico base», próximo al cero absoluto. Una vez conseguida la temperatura, los investigadores crearon un estado de superposición de la «piel del tambor» con el que obtuvieron una excitación del resonador y ninguna excitación del resonador al mismo tiempo. El tambor sonaba y no sonaba simultáneamente.

Hace poco, se vio cómo unos cristales de bicarbonato de potasio exhibían crestas de entrelazamiento de 12 mm de altura, lo que demuestra que el comportamiento cuántico podía introducirse ampliamente en el mundo ordinario de objetos a escala humana. En el 2013, se realizó con éxito el experimento de la doble rendija utilizando moléculas compuestas cada una de ellas por 810 átomos. También ese mismo año, se consiguió que una molécula de 5.000 átomos manifestara la dualidad onda-partícula. La colosal molécula, $C284.H190.F320.N4.S12$, medía la décima parte de un virus pequeño, con lo cual se demostró que los efectos cuánticos no están confinados al ámbito de lo submicroscópico. Cada año se hacen nuevos progresos en el trabajo con elementos entrelazados –luz, partículas e incluso agrupaciones cada vez más grandes de objetos– a medida que la ciencia encuentra medios más efectivos para observar la mágica vía de acción de la teoría cuántica y alcanzar la escala visible.

Entre los muchos científicos dedicados continuamente a ello está Nicolas Gisin, el físico suizo que abrió camino en 1997 demostrando concluyentemente la realidad del entrelazamiento. En aquella época utilizó fotones aislados, bits de luz, pero en los últimos años ha usado «destellos» entrelazados que constaban de 500 fotones cada uno.

El entrelazamiento demuestra el principio biocéntrico de que ni el espacio ni el tiempo existen como realidades independientes fuera de la percepción animal, y a medida que aumenta la cantidad de objetos entrelazables, la realidad de este principio resulta cada vez más fascinante. Por ejemplo, en el 2013, se entrelazaron dos diamantes diminutos pero visibles. Observar uno de ellos afectaba al otro. Se vio que incluso propiedades como el movimiento pueden estar entrelazadas, y no solo en vibraciones como la del tambor que describíamos antes.

Hace unos años, la revista *Nature* hablaba del trabajo de unos investigadores con dos pares de partículas vibrantes entrelazadas que estaban separadas entre sí 240 micrómetros. Cuando se obligó a un par a cambiar de movimiento, el otro par también lo hizo. El movimiento era algo que no se había entrelazado anteriormente. Para conseguir esta proeza, los científicos utilizaron dos pares de núcleos atómicos, de modo que cada par tuviera una carga positiva y fuera posible hacer que se moviera mediante una manipulación de los campos eléctricos. Cada par incluía un ion de berilio y uno de magnesio, que vibraban continuamente adelante y atrás acercándose y alejándose uno de otro «como si estuvieran conectados por un muelle invisible». Cuando los investigadores cambiaban el movimiento de un par deteniendo e iniciando las vibraciones —trabajando con los campos y con rayos láser de gran precisión—, el otro mostraba una respuesta fantasmagórica inmediata que era reflejo exacto de él.

Otro tema de interés es *qué clase* de observación puede inducir cambios instantáneos, como los que ilustrábamos en el experimento de la doble rendija del capítulo siete. ¿Abandonarían los electrones su estado probabilístico, y dejarían que se colapsara su función de onda, si los observara *un gato*? Hasta el momento, dentro de las principales corrientes de la ciencia nadie puede asegurar que sepa la respuesta.

Recientemente, un equipo de investigadores dirigido por Juan Ignacio Cirac, uno de los pioneros de la teoría cuántica de la información, propuso un experimento para ver si pueden usarse virus en estos experimentos cuánticos. Imagínate: el entrelazamiento de seres vivos. Los científicos escribieron:

> Lo más importante de la mecánica cuántica es la existencia de estados de superposición, en los que un objeto parece estar en diferentes situaciones al mismo tiempo. Se ha examinado la existencia de tales estados [...] y es posible que el actual progreso de los sistemas optomecánicos pronto nos permita crear superposiciones de objetos todavía mayores, como microespejos o microvigas, y poner a prueba de ese modo los fenómenos de la mecánica cuántica a escalas mayores [...] Nuestro método es el idóneo para los organismos vivos más diminutos, como virus, que sobreviven en condiciones de vacío de baja presión y a nivel óptico se comportan como objetos dieléctricos. Tenemos así la posibilidad de comprobar la naturaleza cuántica de los organismos vivos creando para ello estados de superposición cuántica prácticamente del mismo modo que en

el experimento mental original del gato de Schrödinger. [Este es] un punto de partida para intentar responder experimentalmente a cuestiones fundamentales, como el papel que tienen la vida y la conciencia en la mecánica cuántica.

No hará falta esperar una eternidad para que al gran público deje de parecerle tan extraño que el observador tenga un efecto en los objetos físicos. Quizá esa íntima conexión existente entre el mundo «objetivo» y la conciencia, que en los experimentos de laboratorio se observa tan a menudo actualmente, un día ya no les resulte insólita ni siquiera a los alumnos de una clase básica de ciencias de instituto. Estamos ya muy cerca de esto. Lo que de todos modos quedará por hacer es seguir examinando la conciencia en sí, dado que, como hemos visto, las investigaciones al respecto están todavía en pañales. Es posible que tengan que crearse una rama nueva de la ciencia y metodologías absolutamente nuevas, ya que lo más que ha logrado la ciencia hasta la fecha en este terreno ha sido cartografiar el cerebro y establecer qué zonas controlan áreas específicas de percepción consciente.

Un respaldo más con que cuenta la perspectiva biocéntrica es lo que podríamos llamar «estado cuántico global». En la actualidad, se sabe que los electrones y otros objetos submicroscópicos carecen de existencia, posición o movimiento reales hasta que se los observa, instante en el cual su función de onda se colapsa y se materializan en una posición o con un impulso dictado por las leyes de la probabilidad.

Ahora bien, para que la función de onda se colapse es necesario realizar una medición con un instrumento u objeto macroscópicos, como cuando por ejemplo proyectamos luz (enviamos fotones) sobre un objeto para verlo. Cuando se trata de un objeto de gran tamaño o macroscópico, por definición, no todas las partes del objeto pueden observarse simultáneamente. Sus propiedades son por tanto desconocidas. Esa «incompletud», como es bien sabido por lo que muestran los resultados habituales de la mecánica cuántica, causa decoherencia haciendo que se colapse la función de onda. Por ejemplo, si tenemos dos electrones entrelazados, al medir las propiedades de solo uno de ellos, sin intentar obtener información sobre el segundo, se produce la decoherencia, o aparente ruptura del entrelazamiento de las dos partículas. Esto significa que, a nosotros, la *historia* a la que tenemos acceso nos parecerá determinista.

Sin embargo, ocurre algo muy curioso, y es que si obtenemos información sobre el estado de las dos partículas entrelazadas, los experimentos muestran que se restablece el entrelazamiento de esas dos partículas. Esto da a entender que, si pudiéramos medir simultáneamente los estados cuánticos de todas las partículas del universo, nunca experimentaríamos el mundo determinista en el que vivimos, en el que todos estamos o vivos o muertos y los sucesos parecen ocurrir en orden secuencial, sino que experimentaríamos directamente la auténtica realidad atemporal, la esencia del cosmos global, aunque en este momento la visualicemos como un mero estado probabilístico, difuso, de la mecánica cuántica.

Pero hay más. Está claro que nuestra mente alberga una especie de «sistema de conciencia» trascendente gracias al cual pueden modularse o incluso esquivarse los algoritmos cotidianos normales —son ejemplo de esto los sueños, la meditación, la esquizofrenia o incluso el efecto de las drogas alucinógenas—. Acceder a esta arquitectura jerarquizada podría permitirle a la conciencia eludir, aunque fuera momentáneamente, las habituales configuraciones espaciotemporales a fin de percibir su unidad con el cosmos con el que siempre ha estado correlacionada, pero en este caso liberada de las sensaciones subjetivas del espacio o el tiempo. «Siempre existe la posibilidad —escribió Thoreau— [...] de ser *todo*». Haciendo un esfuerzo mental consciente, Thoreau aseguraba que podía situarse al lado de sí mismo, ajeno a toda acción y sus consecuencias; todas las cosas, buenas y malas, pasaban por él como un torrente. «Puedo ser tanto el madero que arrastra la corriente como Indra que lo mira desde el cielo».

De lo que no cabe duda, ni siquiera en estas etapas de investigación iniciales, es de que el observador está correlacionado con el cosmos. De que el tiempo no existe. Y de la aportación quizá más grata del biocentrismo: dado que no existe una matriz espaciotemporal independiente en la que pueda disiparse la energía, es imposible que «te vayas» a ninguna parte.

Esto significa que la muerte es una ilusión. Que la experiencia real, directa, te seguirá mostrando lo que siempre has observado: que la conciencia, la percepción consciente instantánea, nunca comenzó y nunca terminará.

En *2001: una odisea en el espacio*, unos astronautas son enviados en una misión a Júpiter. Al final, el capitán Dave Bowman se ve arrastrado a un túnel de luz multicolor fuera del tiempo y el espacio para aprender los secretos más recónditos..., y sin embargo se encuentra con otro enigma. Su aventura era una metáfora muy acertada de nuestra larga, ancestral búsqueda como humanos.

Decía el gran antropólogo Loren Eiseley que «el secreto de la vida se nos ha escapado de las manos y nos sigue esquivando [...] tan asentada está la mentalidad de una época [...] que el deseo de relacionar la vida con la materia [tal vez] nos haya cegado a las características más extraordinarias de ambas».

Desde hace más de diez mil años hemos mirado al cielo buscando respuestas. Hemos enviado naves espaciales a Marte y más lejos aún, y seguimos construyendo máquinas todavía mayores para encontrar la «partícula de Dios», o la pieza crítica e inaprensible del rompecabezas que hasta el momento no hemos conseguido resolver. Somos como Dorothy en *El mago de Oz*, que emprendió viaje en busca del mago, solo para regresar a casa...

...y descubrir que la respuesta había estado siempre en su interior.

Apéndice 1

DIFERENCIA ENTRE CEREBRO Y MENTE

Explorar la conciencia es una experiencia de lo más extravagante, sobre todo cuando incluye un mundo externo que, como muestra el biocentrismo, está en realidad dentro de la mente. Desde una perspectiva biocéntrica, estas son las definiciones de los términos utilizados para exponer el tema.

El *cerebro* es un objeto físico que ocupa una posición específica. Existe como construcción espaciotemporal, y otros objetos, como las mesas y las sillas, son también construcciones, situadas fuera del cerebro. (Si estuvieran dentro de él, el cráneo estaría abarrotado, y esas esas sillas dañarían probablemente el delicado tejido neuronal e interferirían en la corriente sanguínea).

No obstante, el cerebro, las mesas y las sillas existen todos en la «mente».

La *mente* es la que genera desde el principio la construcción espaciotemporal. Por tanto, el término *mente* hace referencia a lo preespaciotemporal y *cerebro*, a lo posespaciotemporal.

Experimentamos la imagen mental de nuestro cuerpo, el cerebro incluido, del mismo modo que experimentamos los árboles y las galaxias. Esto significa que las galaxias no están más alejadas de ti que tu cerebro o las yemas de tus dedos.

La mente está en todas partes. Es todo lo que ves, oyes y percibes; de lo contrario, no podrías ser consciente de ello.

El cerebro es donde está el cerebro, y el árbol es donde está el árbol. Pero la mente no tiene ubicación. Está allí donde observas, hueles u oyes cada cosa. Está en *todo*.

Apéndice 2

GUÍA DE BÚSQUEDA RÁPIDA

Para una localización rápida de los temas estudiados más extensamente en este libro:

SI BUSCAS INFORMACIÓN SOBRE:	VE AL CAPÍTULO:
Estudio del tiempo	1-4, 6
Irrealidad de la muerte	17
No realidad del espacio	1, 9, 12
Naturaleza de la conciencia	2, 10, 11, 14, 15
Pruebas científicas de biocentrismo	4-8, 19
Conciencia en máquinas o plantas	14, 15
Cómo se adquiere y transfiere el conocimiento	13
El biocentrismo como comprensión atemporal	11, 16
Aparición accidental de la vida	10, 16
La teoría cuántica	5-8

ÍNDICE TEMÁTICO

C

G

Galaxias 94, 109, 115, 126, 163, 220, 244, 247, 255, 270
Galeno 164
Galileo 28, 36, 60
Gemelos 83, 87, 91, 98, 99, 100, 106, 116
Gisin, Nicolas 93, 262
GPS 33, 39
Gran Teoría Unificada 215, 217, 218, 219, 229
Gravedad 14, 38, 39, 42, 95, 103, 104, 115, 117, 140, 165, 179, 210, 211, 216, 217, 248, 258
Griegos 27, 28, 122, 125, 235, 241, 250
Guerra Mundial 218, 220

H

Harnad, Stevan 197
Hawking, Stephen 54, 105, 189
Heisenberg, Werner 70, 78, 119, 224, 248
Helio 121
Hidrógeno 14, 15, 140, 144, 178, 216
Hinduismo 150
Hipótesis de los «dos mundos» 105
Hoffman, Paul 15, 194
Hoguera 63, 64
Holt, Jodie 214
Homero, paradoja 50, 51
Homo perplexus 111
Hooke, Robert 36
Houxley, Thomas Henry 194
Hoyle, Fred 222
Hubble, Edwin 254
Huevo cósmico 14
Huffington Post (periódico online) 204
Huygens, Christiaan 36

I

Ideas y opiniones (Einstein) 177
Iglesia 14, 60, 61, 111, 113
Iluminación 25, 30, 152, 155, 250
Ilusiones 173, 235, 243, 244, 246, 247, 250, 251

Ilusiones ópticas 173, 251
Impulso 47, 64, 70, 85, 90, 125, 184, 224, 258, 264
Impulsos 74, 113, 179, 181, 196
Incompletud 265
Infierno 232
Inmortalidad 107
Instantaneidad 260
Instituto Nacional de Normas y Tecnología de Estados Unidos 94
Inteligencia 9, 14, 61, 130, 133, 148, 189, 190, 192, 197, 204, 207, 210, 225
Inteligencia artificial 189, 190
Interferencia, patrones de 76, 77, 80, 81, 82, 96, 97, 99, 101, 102
Intuición 38, 72, 233, 234, 235
Iron Chic (grupo musical) 93
Isis 24
Isocronismo 36

J

Jeroglífico 24
Jonás y la ballena 16
Júpiter 23, 144, 266

K

Kant, Emanuel 34, 124, 125
Kepler, leyes del movimiento planetario de 53
Kessler, André 207
Khayyám, Omar 227
Koch, Christof 200
Kurzweil, Raymond 192

L

Lanza, Robert 156, 157, 281, 282
Laplace, Pierre-Simon 61
Lennon, John 163
Lettere, le (Pirandello) 243
Ley de los promedios 129
Leyes del movimiento planetario de Kepler 53
Libre albedrío 58, 171
Lipson, Hod 191

O

Objetividad 60, 66
Objetos físicos 89, 116, 258, 264
Observaciones 66, 124
Oldenburg, Henry 194
Olfato 15, 163
Onda-partícula, dicotomía 74, 261
Ondas de luz 98, 256

P

Parker, Eugene 114
Parménides 44, 45, 47, 48, 225, 235,
  241, 250
Partículas 20, 41, 54, 58, 65, 73, 74,
  76, 81, 82, 84, 85, 86, 88, 94, 97, 98,
  101, 111, 114, 119, 120, 121, 123,
  125, 182, 206, 207, 216, 217, 259,
  262, 265
Partículas subatómicas 41, 58, 74
Partículas virtuales 119, 121
Pasado, presente y futuro 241
Paso del tiempo 9, 38, 39, 40, 91, 183,
  205
Patrón de interferencia 76, 77, 80, 81,
  82, 96, 97, 99, 101, 102
Patrones 183, 196, 238
Película 23, 69, 70, 185, 186, 187, 204,
  214
Pensamiento abstracto 193
Percepción 15, 49, 57, 58, 59, 67, 70,
  72, 90, 117, 123, 128, 132, 134, 150,
  151, 152, 153, 155, 156, 159, 160,
  164, 166, 171, 173, 174, 175, 177,
  178, 191, 193, 194, 195, 197, 198,
  200, 201, 209, 211, 214, 219, 225,
  233, 234, 235, 239, 246, 250, 254,
  262, 264, 266
Percepción consciente 15, 58, 59, 67,
  90, 134, 160, 193, 194, 195, 198,
  200, 219, 239, 264, 266
Physical Review Letters (revista) 259
Piazza del Duomo 36
Pirandello, Luigi 243
Planck, Max 63, 64, 65, 139
Planetas 14, 23, 63, 106, 110, 113, 141,
  220, 247

Platón 164
Plenum 111
Pneuma 164
Podolsky, Boris 88
Poe, Edgar Allan 14
Polarización 79, 80, 87, 90, 96, 98, 99,
  187, 256
Polarización circular 79
Pollan, Michael 207, 208, 209
Posición 49, 50, 51, 61, 64, 65, 67, 69,
  70, 78, 101, 107, 112, 142, 187, 191,
  205, 224, 264, 269
Postulado de Planck 64
Pozzi, Giulio 97
Pratchett, Terry 189
Premio Nobel 74, 107, 133, 198, 246
Principio de incertidumbre 70, 71, 78,
  119
Probabilidad
  leyes de la 66, 136, 264
  ondas de 99
Procesamiento emocional 160
Protones 41, 140
Pugh, George E. 138
Pulpos 212
Purgatorio 232

Q

Quemaduras solares 63
Química del cerebro 60

R

Ra 24
Ranas 213
Rayos cósmicos 41, 114
Rayos solares 63
Rays Are Not Coloured, the (Wright)
  175
Realidad 10, 13, 16, 17, 18, 19, 21, 25,
  28, 29, 30, 31, 35, 37, 44, 47, 48, 49,
  50, 51, 52, 54, 55, 57, 58, 61, 62, 63,
  66, 67, 70, 71, 73, 76, 78, 84, 86, 92,
  100, 102, 103, 104, 106, 109, 110,
  114, 116, 117, 122, 123, 124, 125,
  128, 129, 133, 135, 142, 143, 146,
  147, 148, 149, 150, 151, 152, 153,

SOBRE LOS AUTORES

R*obert Lanza* es uno de los científicos más respetados del mundo —la revista *U.S. News & World Report*, de la que fue portada, lo describe como un «genio», un «pensador original», y llega a compararlo con el propio Einstein—. Es presidente de Astellas Global Regenerative Medicine, director científico de la compañía Ocata Therapeutics y profesor adjunto de Medicina Regenerativa en la Universidad Wake Forest, en Carolina del Norte. En el 2014, la revista *Time* lo incluyó en su lista de «Las 100 personas más influyentes del mundo», y en el 2015 la revista *Prospect* lo nombró uno de los cincuenta principales «Pensadores mundiales». Es autor de cientos de artículos e inventos y de más de treinta libros científicos; entre ellos, algunas obras de referencia concluyentes en el campo de la investigación con células madre y la medicina regenerativa. Tras serle concedida una beca Fulbright, estudió con el descubridor de la vacuna contra la polio, Jonas Salk, y los premios Nobel Gerald Edelman y Rodney Porter. Antes, había trabajado en estrecha colaboración con el eminente psicólogo B. F. Skinner (padre del conductismo moderno) en la Universidad de Harvard –llegaron a publicar juntos una serie de artículos–, y colaboró también con el pionero de los trasplantes de corazón Christiaan Barnard. El doctor Lanza se licenció y doctoró por la Universidad de Pensilvania, donde estudió con una beca del centro universitario y una beca Benjamin Franklin, y formó parte del equipo de investigadores que clonó el primer embrión humano; además, fue el primero en generar con éxito células madre de personas adultas por medio de la transferencia nuclear de células somáticas (clonación terapéutica). En el 2001, sería también el primero en clonar ejemplares de una especie en peligro de extinción, y ha publicado recientemente el primer informe de la historia sobre la utilización de células madre pluripotentes en seres humanos.

ob Berman es desde hace muchos años redactor astronómico de *The Old Farmer's Almanac*. Entre 1989 y el 2006 escribió con regularidad para la revista *Discover* y actualmente es columnista habitual de la revista *Astronomy*. Produce y radia el programa semanal *Strange Universe* en WAMC North-East Public Radio, con audiencia en ocho estados, y ha sido científico invitado en programas de televisión como *Late Night with David Letterman*. Fue profesor de Física y Astronomía en Mary-Mount College en la década de los noventa y es autor de ocho libros. Su obra más reciente es *Zoom: How Everything Moves* (Little Brown, 2014).